Reconquérir son ADN

Hampton Roads Publishing Company, Inc.
1125 Stoney Ridge Road
Charlottesville, VA 22902

1209, av. Bernard O., bureau 110, Outremont, Québec
Canada H2V 1V7
Téléphone : (514) 276-2949, télécopieur : (514) 276-4121
Courrier électronique : info@ariane.qc.ca
Site Internet : www.ariane.qc.ca

Traduction : Louis Royer
Révision linguistique : Monique Riendeau
Révision : Martine Vallée
Graphisme et mise en page : Carl Lemyre
Première impression : février 2007

ISBN : 978-2-89626-022-5
Dépôt légal :1er trimestre
Bibliothèque nationale du Québec
Bibliothèque nationale du Canada
Bibliothèque nationale de Paris

Diffusion
Québec : ADA Diffusion – (450) 929-0296
www.ada-inc.com
France et Belgique : D.G. Diffusion – 05.61.000.999
www.dgdiffusion.com
Suisse : Transat – 23.42.77.40

Imprimé au Canada

Margaret Ruby

Reconquérir son ADN

Reprogrammer votre héritage génétique

Traduit de l'américain par Louis Royer

Ariane

Dédicace

Je dédie ce livre à Steve, mon époux bien-aimé,
qui possède l'étonnant pouvoir d'éclairer avec amour
mon univers tout en lui donnant de l'expansion.

Table des matières

Liste des tableaux et des illustrations

Préface

Nous pouvons changer l'histoire inscrite dans nos gènes

Le noyau de chaque cellule de notre corps contient un « génie » : l'ADN, un programme de vie. Le code enfermé dans cette longue molécule filiforme contient l'information essentielle qui régit les activités de la cellule et transmet les traits héréditaires d'une génération à la suivante.

Au printemps 2003, un demi-siècle exactement après la découverte de la structure en double hélice de l'ADN, les scientifiques ont terminé le séquençage du génome humain. Ils s'évertuent maintenant à extraire les détails de toute l'information génétique contenue dans nos chromosomes. Ce qui est moins généralement connu, mais tout aussi significatif, c'est la recherche innovatrice indiquant que notre ADN n'est pas un code fixe et que nos gènes peuvent être affectés, voire modifiés, par nos expériences et nos émotions.

En tant qu'éducatrice pionnière du domaine de la guérison, où j'ai mis en lumière le fait que nos croyances et nos émotions ont un effet sur notre santé et notre ADN, j'ai appris également que nos gènes déterminent beaucoup plus que l'héritage physique reçu de nos parents, comme les yeux bleus de notre père ou les cheveux bouclés de notre mère. Ils déterminent aussi notre façon de réagir aux autres, de communiquer, de penser, d'exprimer nos émotions, et même les schèmes de nos relations, de notre santé et de nos finances.

On peut souvent faire remonter ces schèmes à une source qui n'est pas communément associée à l'hérédité : les sentiments et les croyances de nos ancêtres, ce que j'appelle « leur histoire ». Profondément enfouie dans la mémoire de notre ADN, celle-ci nous influence d'une manière que nous ne pouvons absolument pas soupçonner. Autrement dit, notre *histoire émotionnelle* nous a été transmise par le lignage familial tout autant que la couleur de nos cheveux et la forme de notre nez.

J'aime bien comparer notre ADN à un gigantesque livre d'histoire. Sur les 46 chapitres (désignés par la science sous le nom de chromosomes) de notre livre de vie personnel, 22 nous ont été légués par le lignage de notre mère et le même nombre par celui de notre père. Les deux chapitres restants sont liés à notre connexion à Dieu ou à la source de vie universelle. Chaque chapitre est composé de dizaines de milliers d'épisodes, et c'est ce que les scientifiques appellent nos gènes.

Les souvenirs génétiques et les systèmes de croyances qui composent le grand livre d'histoire de notre ADN nous soutiennent de multiples façons, mais ils sont en outre responsables de la transmission de schèmes négatifs qui nous empêchent de mener la vie que nous désirons. Certains épisodes font effet immédiatement, par exemple lorsque l'on naît aveugle ou diabétique, alors que d'autres demeurent latents et ne s'activent que lorsqu'ils sont déclenchés par certains événements ou certaines expériences, ce qui entraîne alors des changements soudains et parfois indésirables dans notre vie. J'ai pu constater maintes et maintes fois que l'histoire enregistrée dans notre ADN détermine le cours de nos relations, la qualité de notre santé et l'ampleur de notre richesse. Essentiellement, les événements qui surviennent au cours du voyage de la vie sont le résultat de ce qui est inscrit dans notre code génétique.

Ce que j'ai découvert et qui constitue le sujet de ce livre, c'est que nous pouvons modifier notre code génétique, car il n'est pas immuable. *Nous avons le pouvoir de changer l'histoire inscrite dans nos gènes et, par conséquent, de changer notre vie.*

Dans ce livre, je présente des techniques d'autoguérison faciles à utiliser et qui agissent sur les plans énergétique, émotionnel et vibratoire pour nous aider à évacuer les croyances contraignantes encodées dans notre ADN. Ce processus a permis à des milliers de personnes de se libérer de tout un éventail de problèmes, du stress émotionnel aux relations difficultueuses et des allergies aux maladies graves. Je révèle par ailleurs dans cet ouvrage la recherche, les découvertes et les expériences vécues qui m'ont menée à mon travail actuel, et j'y décris les cinq étapes fondamentales de la réinitialisation de notre code génétique en vue d'acquérir un bien-être total et une parfaite abondance.

Nous vivons à une époque d'importantes transformations. Plusieurs d'entre nous, cessant de croire qu'ils sont des victimes, prennent conscience que leur système de croyances crée leur réalité et qu'ils ont la responsabilité de leur transformation, y compris leur guérison. Dans ce livre, vous apprendrez à vous guérir vous-même en neutralisant rapidement les programmes négatifs qui vous ont été transmis par votre lignage familial et en activant vos schèmes positifs afin de manifester le bien-être auquel vous avez droit.

Une force, présente en vous, peut vous amener à dépasser vos présentes croyances. C'est votre pouvoir de guérison. Je salue cette force qui vous habite et je vous invite à faire un pas de plus dans votre marche vers la guérison.

NOTE : Lorsque j'emploie dans ce livre le mot *guérison*, je l'entends au sens spirituel et non au sens médical, même si je ne le précise pas chaque fois. Les mots *guérison* et *complet* ont la même racine en vieil anglais. Guérir spirituellement sous tel ou tel aspect, c'est devenir complet sous cet aspect. Par exemple, guérir peut impliquer un remède quelconque, mais aussi l'idée d'être en paix avec le fait qu'il n'y ait point de remède. Si vous êtes atteint d'une maladie quelconque, ne manquez pas de consulter un médecin autorisé. En aucun cas, les affirmations contenues dans le présent ouvrage ne doivent contribuer à retarder ou écarter un traitement médical approprié.

Remerciements

Bien qu'un livre portant le nom d'un seul auteur semble résulter d'un projet individuel, « on ne fait jamais rien seul », comme le dit l'adage. Les connaissances amassées dans cet ouvrage proviennent de mes relations ainsi que de mes expériences familiales, amicales et professionnelles, comme des nombreux enseignants que j'ai croisés sur ma route.

Je veux d'abord remercier mon mari, Steve ; mes deux filles, Allison et Lauren ; et mes petits-enfants, Alex, Ethan, Aydin, Stryder et Olivia, qui tous m'ont encouragée à accomplir ma mission en cette vie. Je remercie grandement, et du fond du cœur, Vera Gadman, Annaliese Kohinoor, Nancy Miller, Jessica Thurmond et toute l'équipe de PossibilitiesDNA, pour leur travail et leur dévouement dans cette entreprise qui vise à aider les gens à atteindre leur potentiel maximum, et pour avoir fait de PossibilitiesDNA l'une des meilleures sociétés de séminaires du monde dans le domaine du développement personnel.

Un immense merci aussi à Patricia Spadaro, pour sa vision, son encouragement, son habileté et son aptitude à poser les questions pertinentes lorsque nous avons travaillé ensemble à la création et à l'édition de ce livre. Merci encore à mon agent, Nigel Yorwerth, pour ses conseils et la publication de cet ouvrage.

Un deuxième remerciement à Vera Gadman, pour tout l'amour et tout le soin qu'elle a mis à effectuer les graphiques ainsi que tout le matériel de *PossibilitiesDNA*. Sans ses créations, nous n'en serions pas là aujourd'hui.

Enfin, je suis profondément reconnaissante à tous ceux et toutes celles qui assistent aux séminaires de PossibilitiesDNA, car ils font progresser la planète en apportant au monde leur amour et leur lumière.

Première partie

Les émotions et les croyances incluses dans notre héritage génétique

1

Le grand livre d'histoire de notre ADN

Comment pouvons-nous créer consciemment la vie que nous désirons ? Quelle influence nos émotions et nos systèmes de croyances ont-ils sur notre santé ? D'où proviennent ces systèmes de croyances, et comment s'en servir pour guérir et obtenir ainsi une vie plus signifiante, plus satisfaisante ? Ma longue quête pour trouver des réponses à ces questions m'a conduite à la frontière de la connexion entre le corps et l'esprit.

La recherche du lien existant entre le corps et l'esprit a connu un essor remarquable depuis une trentaine d'années, soit depuis que le docteur Herbert Benson, président du Mind/Body Medical Institute et professeur agrégé à l'École de médecine de l'université Harvard, a démontré que les techniques de relaxation pouvaient réduire le stress, diminuer la tension artérielle, régulariser le rythme cardiaque et améliorer la santé. Aujourd'hui, de nombreux médecins, chercheurs et scientifiques des domaines de la médecine corps-esprit, de la physique quantique, de la psychoneuroimmunologie et de la guérison vibratoire fournissent des preuves convaincantes de l'influence de nos émotions sur notre santé et notre bien-être.

Au sein de cette révolution, Caroline Myss, dans son ouvrage *Anatomie de l'esprit*, a énoncé un principe fondamental qui se trouve à la base des techniques de guérison énergétique anciennes ou modernes. *Notre biographie devient notre biologie.* « Notre corps, explique-t-elle, contient toute notre histoire : chaque chapitre, chaque ligne et chaque mot de chaque événement et de chaque relation de notre vie. Chaque pensée que nous avons eue a voyagé dans notre système biologique et provoqué une réaction physiologique[1]. » Par exemple, nous connaissons l'effet d'une peur ou d'une rage intense : le rythme cardiaque s'accélère, les dents se serrent et la tension artérielle augmente. Selon Caroline Myss, il faut compter parmi les expériences apportant de l'énergie émotionnelle à notre système corporel nos relations passées et présentes, nos souvenirs et nos expériences profondes ou traumatiques, nos attitudes et nos schèmes de croyances. « Les émotions produites par ces expériences se gravent dans notre système biologique, précise-t-elle, contribuant à la formation de notre tissu cellulaire et s'emmagasinant dans notre mémoire cellulaire[2]. »

Notre vision du lien corps-esprit a ensuite évolué davantage grâce à Candace Pert, neurologue de réputation internationale. Dans son livre *Molecules of Emotion* [Des molécules d'émotion], qui a fait date, elle explique le fondement moléculaire de nos émotions, ce qui permet de comprendre exactement comment celles-ci ont un effet sur la santé. Elle a découvert que les grands systèmes corporels forment un vaste réseau. L'information qui circule entre ces divers systèmes pour les lier les uns aux autres est transportée par les neuropeptides et leurs récepteurs, et c'est ce qu'elle appelle la biochimie des émotions. Ces « messagers » sont en communication constante avec le système immunitaire. En fait, dit-elle, ce sont les émotions qui relient le corps et l'esprit.

En nous appuyant sur cette recherche scientifique, poursuit le docteur Pert, il est temps de transcender notre conception du « pouvoir de l'esprit sur la matière ». « À la lumière de mes recherches, cette expression ne correspond plus à ce qui se passe en réalité. L'esprit ne domine pas le corps, il *devient* le corps ; le corps et l'esprit ne font qu'un[3]. » Il nous faut considérer nos émotions comme « des signaux cellulaires impliqués dans le processus de traduction de l'information en réalité physique, transformant littéralement l'esprit en matière[4] ». Autrement dit, le corps et l'esprit communiquent par des molécules d'émotion.

Les travaux de ces pionniers nous ont appris que nos émotions exercent un effet sur nos cellules et nos tissus corporels, influençant dès lors notre santé. Pourtant, la frontière est repoussée et s'approfondit encore davantage. Une recherche révolutionnaire démontre que nos émotions exercent un effet sur le plan le plus fondamental, celui de notre ADN. C'est là une découverte aux conséquences considérables.

Nos gènes réagissent à l'émotion

Les généticiens savent depuis un certain temps déjà que le « stress environnemental » peut affecter les gènes et causer des mutations. Dans les années 1940, la généticienne américaine Barbara McClintock a fait une énorme découverte qui ne fut vraiment reconnue que beaucoup plus tard. En 1983, elle reçut le prix Nobel pour avoir découvert que les gènes pouvaient changer de position dans un chromosome, en réponse au stress. Dans son discours d'acceptation, elle expliqua que les « chocs » subis par le matériel génétique (qu'il s'agisse d'accidents à l'intérieur de la cellule, d'infections virales ou de changements dans l'environnement immédiat) « forçaient le génome à se restructurer » afin de vaincre la menace. (Le génome est le matériel génétique complet d'un organisme.)

« Nous n'avons pas encore réussi à identifier les détecteurs et les signaux qui déclenchent ces ajustements », a déclaré McClintock. Elle encouragea les scientifiques à poursuivre leurs recherches en vue d'établir « à quel point la cellule se connaît elle-même et comment elle utilise cette connaissance d'une manière “réfléchie” lorsqu'elle se sent menacée ». Elle définit le génome comme « un organe hautement sensible de la cellule » capable « de sentir les événements inhabituels et imprévus, et d'y réagir ».

À la fin de son exposé, McClintock déclara prophétiquement qu'à l'avenir les scientifiques se pencheraient inévitablement sur le génome « en appréciant davantage sa signification ». Pour effectuer ses découvertes, McClintock avait tout d'abord travaillé sur des plantes, mais les scientifiques reconnurent plus tard que le mécanisme qu'elle avait identifié, soit le déplacement des gènes dans les chromosomes en réponse au stress, pouvait très bien contribuer à l'évolution humaine en produisant de nouvelles mutations. De plus, cette recherche démontrait que *notre code génétique n'est pas statique*, que les stress de son environnement agissent sur lui.

Et voici que de nouvelles recherches indiquent que les stress de notre environnement affectent effectivement notre ADN. Une étude marquante divulguée dans les comptes rendus de l'Académie nationale des sciences en décembre 2004 précise que les stress majeurs de la vie peuvent endommager les télomères (les extrémités naturelles des chromosomes) dans les cellules immunitaires, diminuant ainsi leur vie. Cette étude comparait un groupe de femmes s'occupant d'enfants atteints d'une maladie chronique avec un autre groupe s'occupant d'enfants en santé. Le plus intéressant de cette étude, c'est que les résultats étaient fortement liés à la *perception* du stress émotionnel. Chez les femmes des deux groupes qui sentaient qu'elles subissaient un énorme stress, les télomères étaient comparables à ceux d'une personne âgée de dix ans de plus qu'elles.

Dans un article du *Washington Post* portant sur cette importante découverte, le docteur Dennis Novack, de l'École de médecine de l'université Drexel, écrivit que cette nouvelle étude établissait que l'esprit et le corps ne sont pas séparés, que « les molécules mêmes de notre corps réagissent à notre environnement psychologique[5] ». Bien qu'il faille pousser la recherche encore plus loin, cette étude indique clairement qu'il existe une relation directe non seulement entre le stress chronique et notre santé, mais aussi entre le stress (ou les émotions) et nos gènes.

Et ce n'est pas tout. D'autres percées scientifiques ont révélé sous un aspect entièrement différent le lien entre les émotions et l'ADN. Deux chercheurs reconnus sur le plan national, Glen Rein et Rollin McCraty, tous deux Ph.D., ont démontré, en travaillant avec le HeartMath Research Institute, qu'un sentiment d'amour et une intention précise, bien focalisés, pouvaient modifier des échantillons d'ADN placés dans une solution et produire des effets biologiques à l'intérieur et à l'extérieur du corps. Dans une étude en particulier, les sujets participant à l'expérience ont pu amener l'ADN à s'enrouler et se dérouler pour s'accorder à leur intention spécifique. L'enroulement de l'hélice d'ADN est associé à la réparation de l'ADN, tandis que son déroulement précède la division cellulaire. Dans un cas, le sujet de l'étude fut capable d'affecter la condition de l'ADN alors que l'échantillon se trouvait à une distance de presque un kilomètre. À la suite de toutes ces études, les scientifiques ont émis l'hypothèse, non encore prouvée expérimentalement, que l'on pourrait, au moyen d'une intention consciente focalisée sur le cœur, influencer le processus cellulaire et même modifier la structure première de l'ADN, soit notre code génétique.

Ces captivantes recherches s'apparentent aux travaux que j'effectue moi-même depuis vingt ans et qui révèlent que nos émotions et nos croyances, incluant celles dont nous avons hérité, agissent sur notre ADN. Comme ces chercheurs, j'ai découvert que notre ADN n'est pas un code fixe, mais flexible. Que l'on peut, en recourant à certaines techniques spécifiques, remplacer des schèmes défectueux par de nouveaux, de nature positive. En effet, les pensées et les émotions négatives sont comparables aux « stress » environnementaux évoqués par Barbara McClintock. Elles affectent ce que cette dernière qualifiait de matériel génétique « hautement sensible » capable « de sentir les événements inhabituels et imprévus, et d'y réagir ». Bref, nos gènes réagissent aux émotions, pour le meilleur ou pour le pire.

J'ai aussi constaté que l'inverse est vrai. Notre ADN influe sur nos émotions, nos attitudes et nos comportements. Les scientifiques tentent maintenant de vérifier si nos gènes nous transmettent beaucoup plus que des caractéristiques physiques. En 2001, une équipe de scientifiques de Barcelone a mis au jour une mutation génétique du chromosome 15 rendant les gens plus susceptibles d'éprouver des crises de panique ou d'anxiété. Cela signifie qu'une phobie peut résulter d'une mutation de nos gènes, au lieu d'être une maladie imaginaire ou un problème d'ordre psychologique. De plus, Dean Hamer, biologiste moléculaire et directeur de la section de la régulation et de la structure génétique de l'Institut national du cancer, affirme que la foi est profondément enracinée dans notre ADN, c'est-à-dire que nous héritons d'une prédisposition à la spiritualité. Dans son ouvrage *The God Gene* [Le gène de Dieu], il avance qu'une modification du gène appelé VMAT2, qu'il a surnommé « le gène de Dieu », joue un rôle clé dans les tendances spirituelles enchâssées dans nos gènes. Si les phobies peuvent provenir de nos gènes, quelles autres attitudes peuvent résulter d'une prédisposition génétique ? Si la spiritualité peut être héréditaire, quels autres sentiments et comportements sont transmis par l'ADN ?

Les croyances et la guérison

Après les spectaculaires percées scientifiques et génétiques des dernières années, nous voici maintenant au seuil d'une nouvelle étape. Il ne s'agit plus de découvrir comment nos pensées et nos émotions affectent notre santé. Nous devons aller beaucoup plus loin. Dans cette nouvelle étape seront liées l'énergétique, les émotions *et* la génétique. S'y uniront la science *et* l'autoguérison. Nous devrons faire face à de nouvelles questions. Au-delà de nos caractéristiques physiques, quel genre d'information est encodé dans nos gènes et transmis par eux ? Comment nos pensées et nos émotions affectent-elles les détecteurs et les signaux contenus dans nos gènes ? Et comment pouvons-nous utiliser cette information pour nous guérir nous-mêmes ?

Ces questions m'ont poussée à explorer davantage la dynamique de l'ADN. Comme pour plusieurs d'entre nous, mon voyage spirituel a commencé par une crise de santé qui m'a menée à l'autoguérison et à un examen du rôle exercé par mes croyances dans ma vie. Rétrospectivement, je me rends compte que j'ai toujours su me guérir moi-même, tout naturellement. Voici par exemple un incident qui m'est arrivé à l'âge de dix ans. Étant l'aînée d'une famille de quatre enfants, je faisais souvent la cuisine pour aider ma mère. Ce jour-là, un samedi matin, je faisais griller du bacon dans un poêlon à crêpes que je tenais d'une main tout en faisant des rôties de l'autre main. Lorsque je pris le poêlon pour vider dans l'évier le gras fondu du bacon, le manche se brisa et le gras brûlant se répandit sur moi, des hanches jusqu'aux pieds.

La douleur fut si intense que je ne sus quoi faire. Je me mis donc à crier, et je sortis dans la rue. Mes parents coururent après moi, me rattrapèrent et me ramenèrent à la maison, puis me conduisirent à l'hôpital. Le temps d'arriver, toute la peau brûlée de ma jambe gauche s'était détachée. J'avais des brûlures du troisième degré et la douleur était tout simplement atroce. On enduisit d'onguent ma jambe et on la pansa.

Pendant trois mois, ma mère m'interdit de marcher sur ma jambe, afin, disait-elle, qu'elle guérisse parfaitement. Elle laissa le pansement en place et me porta partout où nous allions. Je *savais* que ma jambe guérirait parfaitement parce que personne ne m'avait dit le contraire. Personne, pas même ma mère, ne me parla de cicatrices. Je fus donc exempte de cette croyance, jusqu'à mon retour à l'école.

Lorsque je rejoignis mes camarades de quatrième année, j'avais toujours quelques bandages sur la jambe. Le garçon qui était assis à côté de moi me dit soudain, en me regardant : « Tu vas être tellement laide quand tu vas enlever tes bandages. » Je lui demandai alors ce qu'il entendait par là. Il répondit : « Tu auras plein de cicatrices sur la jambe et tout le monde dira que tu es laide. » Profondément troublée, je rapportai ses propos à ma mère en rentrant à la maison. Elle me dit simplement : « Ce n'est pas vrai du tout. Ta jambe a guéri parfaitement. Les cicatrices sont uniquement pour les gens qui aiment en avoir. Ce n'est pas ton cas. » Aujourd'hui, je n'ai pas une seule cicatrice sur la jambe. Il ne reste plus aucune trace de ces brûlures. Même lorsque j'étais enfant, l'univers me démontrait que nous *pouvons* nous guérir nous-mêmes et que notre système de croyances joue un rôle capital dans cette guérison.

Devenue adulte, j'eus besoin d'un rappel de mon potentiel de guérison. Alors que je vivais typiquement le rêve américain, je me retrouvai soudain dans un lit d'hôpital, aux prises avec une hémorragie si grave que les médecins crurent que je ne survivrais pas. Nous avons signé tous les formulaires autorisant l'intervention chirurgicale, demandant aux médecins de faire le maximum pour enrayer cette hémorragie. Durant l'intervention, ils découvrirent un kyste sur mon ovaire droit et enlevèrent ce dernier. Ils décidèrent aussi de m'enlever l'appendice même si rien ne semblait anormal de ce côté.

Tout de suite après l'intervention, le médecin me dit que je devais subir une hystérectomie. La chirurgie qu'on venait d'effectuer était si douloureuse que je ne voulais plus jamais me retrouver sur une table d'opération. Ç'aurait été de la folie que d'autoriser une nouvelle intervention, à moins que ma vie n'en dépende. Je me rendis compte alors que je devais voir mon existence différemment et trouver un moyen de me guérir moi-même. L'univers me disait essentiellement ceci : « Tu dois maintenant te réveiller et assumer tes responsabilités. Tu dois participer activement à la création de ta vie. » Je me mis alors à chercher du côté des médecines parallèles, et c'est ainsi que je découvris l'acupuncture et les plantes médicinales, qui firent disparaître mes problèmes de santé. Ce fut là la première étape de ma prise de conscience de la possibilité de se guérir soi-même sans recourir aux mesures radicales imposées par la médecine occidentale. Dans les situations critiques, nous devons évidemment faire appel à cette médecine si notre vie est en danger, mais, comme je l'appris alors, les médecines parallèles et notre propre système de croyances peuvent jouer un rôle capital dans le rétablissement de la santé.

La conscience seule ne suffit pas

Après cette intervention chirurgicale qui me débarrassa de ma tumeur, je commençai à traiter mon corps d'une manière plus naturelle. Et pourtant, je continuai à recevoir de la vie des avertissements en série visant à me réveiller. Mes partenariats ne fonctionnaient plus. Mes relations se détérioraient. Un certain schème se répétait constamment dans mon existence et il me fallait absolument en trouver la cause.

Après avoir cherché dans plusieurs directions, je finis par examiner le rôle joué par nos croyances dans la nature des événements qui nous arrivent. Ce devint ma passion et ma profession. Pendant quelques années, je voyageai un peu partout au pays pour apprendre aux gens comment modifier leur système de croyances. L'organisme pour lequel je travaillais enseignait essentiellement ceci : lorsque nous modifions nos croyances, nos attitudes se modifient également et nous pouvons alors gérer plus efficacement nos problèmes. Nous offrions de merveilleux séminaires qui changèrent la vie de plusieurs personnes, dont la mienne.

En travaillant avec les participants, je découvris cependant un thème récurrent. Lorsque les gens voyaient comment leurs croyances se trouvaient au cœur de leurs difficultés, ils étaient heureux de considérer leurs problèmes sous un jour nouveau et repartaient à la fin du programme avec une force nouvelle. Pourtant, quand je les revoyais plus tard, ils me racontaient encore les mêmes histoires. Ils repensaient toujours à leur divorce, ils détestaient toujours leur emploi, leurs enfants ne se confiaient toujours pas à eux, ou ils avaient encore des problèmes financiers. Frustrée devant leur discours, je leur demandais : « Mais pourquoi me racontez-vous encore les mêmes histoires ? Si vous avez bien compris ce que je vous ai enseigné et si vous avez changé vos croyances, pourquoi votre vie n'a-t-elle pas changé ? »

Je découvrais une vérité fascinante : *la conscience seule ne suffit pas à changer un schème de vie*. Par exemple, nous nous sommes tous déjà promis de ne jamais reproduire tel ou tel comportement de nos parents, pour nous rendre compte, un jour, que nous faisons exactement comme eux. Pourquoi donc reproduisons-nous tel ou tel schème que nous ne voulons plus ?

J'ai étudié plusieurs approches qui m'ont toutes plu, mais aucune ne donna lieu au changement permanent que je désirais obtenir. Ce phénomène m'incita à rechercher les facteurs cachés qui fourniraient des réponses à mes questions. S'il suffit d'une prise de conscience et d'une attitude positive pour vivre heureux et en santé, pourquoi donc tout le monde ne change-t-il pas rapidement de comportement ? Pourquoi répétons-nous sans cesse des comportements dont nous voulons nous débarrasser ? Pourquoi est-ce si difficile de changer ? Et si la conscience ne suffit pas, que faut-il d'autre ?

À l'époque, j'avais eu la chance d'apprendre beaucoup de plusieurs personnes travaillant avec l'énergie et l'ADN. Gregg Braden, entre autres, pionnier en matière de physique et d'ADN, a largement contribué à me faire comprendre à quel point les croyances et les émotions peuvent agir sur l'ADN.

À travers plusieurs études, expériences et expérimentations, je finis par recomposer une autre partie du puzzle, celle qui est profondément enfouie dans notre ADN. Je découvris alors que nous héritons des émotions et des croyances de nos ancêtres. Ces schèmes, profondément enchâssés dans nos cellules, influent sur notre santé, notre prospérité et nos relations. Par conséquent, si nous ne changeons pas, c'est d'abord parce que le schème lui-même est programmé dans nos cellules. En deuxième lieu, le programme n'appartient pas uniquement à cette vie-ci, mais à plusieurs générations précédentes. Comme des secrets familiaux immémoriaux, notre histoire ancestrale, cachée dans la mémoire de notre ADN, nous influence d'une manière que nous ne pouvons absolument pas soupçonner. Ces programmes internes sont comme des bandes magnétiques qui jouent constamment pour nous dire quoi faire et ne pas faire. J'ai compris que nous pourrions changer le programme inscrit sur ces bandes si nous trouvions comment accéder à ces schèmes inscrits dans l'ADN. Que nous pourrions alors régénérer notre vie.

Nos croyances fondamentales sont transmises par l'ADN

Nous avons tous dans nos gènes des programmes subconscients qui contiennent les pensées, les sentiments et les croyances hérités. Transmis de génération en génération sans que nous en soyons conscients, ils exercent sur notre vie une influence profonde. Ainsi, une expérience vécue par l'un de vos lointains ancêtres peut être à l'origine d'un certain comportement que vous reproduisez aujourd'hui. Par exemple, la colère de votre arrière-grand-père a pu vous être transmise par un gène, lequel vous rend vous-même enclin à la colère. Les émotions de votre bisaïeule décédée par noyade il y a sept générations peuvent causer en vous la peur de l'eau, même si vous n'avez eu en cette vie aucune expérience particulière susceptible de créer en vous cette crainte. Si nous n'identifions pas et ne changeons pas ces scénarios hérités, nos problèmes ne changeront pas non plus.

Supposons, par exemple, que vous décidiez de devenir riche et que vous placiez des notes partout dans votre maison afin de rappeler constamment ce désir à votre conscient et à votre inconscient. Il se peut très bien que cela vous aide à conserver une attitude positive. Si, toutefois, la croyance inconsciente que vous ne méritez pas la richesse est programmée dans votre ADN, vous n'atteindrez jamais ce but, quelle que soit l'intensité avec laquelle votre esprit conscient s'y concentre. Vous reproduirez le même vieux comportement tant que vous n'aurez pas trouvé et éliminé le schème subconscient qui fait obstacle à votre nouvel objectif. Cela est vrai également des affirmations positives. Elles ne finiront par être efficaces que si vos désirs conscients correspondent parfaitement à vos désirs inconscients.

L'une des femmes à qui j'ai enseigné provenait d'une famille d'abuseurs. Ses deux parents, des alcooliques, avaient abusé d'elle sur les plans émotionnel et physique. Elle s'était enfuie de chez elle à 16 ans et s'était juré de ne jamais reproduire le comportement de ses parents. Qu'est-il advenu d'elle par la suite ? Elle s'est mariée cinq fois, et chaque fois à un homme abusif. C'était une femme très belle et très forte, mais dès qu'elle entrait dans une relation amoureuse elle abandonnait tout son pouvoir à l'homme qui partageait sa vie, de sorte que le scénario se répétait sans cesse, malgré tout son désir de changer. Comprenant très bien le cycle qui existait dans sa famille, elle avait décidé depuis longtemps de ne plus côtoyer de personnes abusives. Pourtant, sa conscience du problème ne suffisait pas pour changer sa vie.

Lorsqu'elle utilisa les techniques de guérison de l'ADN que vous apprendrez dans ce livre, elle découvrit que l'abus familial ne provenait pas seulement de ses parents, mais qu'il durait depuis une dizaine de générations. L'un de ses ancêtres avait été faussement accusé, jeté en prison et soumis à des sévices terribles. Elle avait hérité la croyance que l'abus faisait partie de ce qu'elle avait à vivre et qu'elle ne pouvait y échapper. Aussitôt que nous en avons découvert l'origine et que nous l'avons extirpée énergétiquement de son ADN, elle a pu briser ce schème pour la première fois de son existence. Aujourd'hui, elle vit une merveilleuse relation de couple.

L'étonnante science de l'ADN

Depuis quelques années, la science a accompli d'énormes progrès dans sa connaissance de l'ADN, et il est important d'être au courant des données scientifiques pour comprendre la guérison énergétique de l'ADN. Tout d'abord, rappelons que le noyau de chaque cellule du corps humain contient 46 chromosomes formant entre eux 23 paires. Chaque chromosome possède deux longues chaînes fermement enroulées ressemblant à un escalier en spirale appelé ADN (acide désoxyribonucléique). L'ADN est une longue molécule multiple contenant le code numérique de la nature destiné à la vie terrestre. On dit souvent de l'ADN qu'il est le plan de vie, notre code chimique, un langage. La conception de l'organisme et de ses composantes moléculaires provient de l'information (ou langage) emmagasinée dans l'ADN.

Les quatre principaux éléments d'encodage, ou unités de base, de l'échelle de l'ADN sont T, C, A et G, c'est-à-dire la thymine, la cytosine, l'adénine et la guanine. Quand ces quatre éléments d'encodage se combinent aux phosphates et au désoxyribose par groupes de trois, on les appelle codons. Il y a 64 combinaisons possibles de codons. Soixante et une servent à encoder les vingt acides aminés, et les trois autres sont des codons « d'arrêt » servant à indiquer la fin d'une séquence protéique.

Cet encodage est semblable au morse, lequel utilise des combinaisons de deux éléments, le point et le trait, pour représenter les lettres de l'alphabet et les signes de ponctuation. Dans le code génétique, ce sont les combinaisons des quatre sous-unités (A, T, C et G) qui constituent l'alphabet protéique. En morse, un bref silence marque la fin du message, alors que les trois codons marquent le début et la fin d'une séquence protéique. Lorsqu'un code est altéré, la fonction d'une protéine peut s'en trouver sérieusement réduite.

En 2003, les scientifiques établirent la séquence complète de l'ADN de tout le matériel génétique du corps humain, ce qui constitua l'une des plus grandes aventures scientifiques de tous les temps. Le séquençage des gènes fut une quête visant à découvrir le manuel d'instructions du fonctionnement du corps humain. Les scientifiques présupposèrent que chaque fonction du corps humain était contrôlée par un gène. Ils se dirent que s'ils parvenaient à répertorier tous les gènes ainsi que leurs fonctions respectives, ils posséderaient une carte qui leur permettrait de découvrir comment modifier le corps humain de manière à prévenir ou à guérir le cancer ou le diabète, par exemple. Pour que cette théorie se vérifie, il fallait qu'il existe un gène pour chacune des centaines de milliers de fonctions accomplies par le corps. Lorsqu'ils ne découvrirent que 33 000 gènes au lieu des centaines de milliers auxquels ils s'attendaient, ils furent déconcertés et durent réviser leur théorie. Les gènes ne pouvaient être les seuls responsables de tout le fonctionnement du corps.

En établissant la cartographie des gènes, les scientifiques découvrirent d'autres faits déroutants. Aurions-nous pu penser être apparentés à la banane ou même au ver de terre ? Les chercheurs se rendirent compte alors que 50 % de nos gènes étaient semblables à ceux de la banane et que 40 % des gènes du ver de terre ainsi que la moitié des gènes de la drosophile (mouche du vinaigre) étaient similaires aux gènes humains. Ils constatèrent également que les gènes de tous les bébés naissants étaient identiques à 99,9 %.

Bryan Sykes, une sommité mondiale de l'ADN et de l'évolution humaine, et l'auteur des *Sept Filles d'Ève*, a révélé l'incroyable interconnexion des humains. Il a établi une carte génétique de l'Europe occidentale et en a tiré la stupéfiante conclusion que presque tous les humains d'ascendance européenne, où qu'ils vivent actuellement, peuvent remonter leurs origines à l'une des sept femmes, qu'il appelle les sept filles d'Ève.

Dans mes propres travaux, j'ai aussi trouvé des similitudes dans notre information génétique. J'ai découvert que nous avions en commun, par nos gènes, des émotions, des croyances, des souvenirs et des événements. Les thèmes de l'abandon, de la trahison, de la perte de confiance, de la séparation et du sentiment de rejet sont universels. Nous avons en commun des souvenirs de sécheresse, d'épidémie et de famine, d'Inquisition, de génocide et d'esclavage. Cette similarité d'expérience de l'espèce humaine nous permet d'appliquer des processus impliquant des schèmes archétypaux dans le but de découvrir l'histoire transmise par notre lignage.

Au cours de leur recherche génétique, les scientifiques ont appris quelque chose sur les codons qui les a considérablement surpris. Les codons sont comme des puces d'ordinateur contenant des programmes de possibilités. Alors que 64 combinaisons de codons nous sont disponibles, nous n'en utiliserions que 20 selon eux. Qu'est-il advenu des 44 autres programmes possibles ? Ont-ils simplement disparu ? Sont-ils à l'état latent en nous, dans l'attente d'être activés ? Le fait de n'utiliser que 20 combinaisons de codons, mais d'avoir accès à 44 de plus, laisse entrevoir beaucoup plus de possibilités pour la vie que nous n'en avons connu jusqu'ici.

Les chapitres du livre d'histoire de notre ADN

Tandis que mes travaux progressaient au cours des ans et que les scientifiques cherchaient pourquoi le corps humain ne possédait que 33 000 gènes, je me posais les questions qui suivent. Se pourrait-il que quelque chose nous empêche d'accéder à tous les programmes potentiels contenus dans notre ADN ? Comment l'ADN fonctionne-t-il en réalité ? Si les gènes ne contrôlent pas seuls toutes les fonctions du corps, qu'est-ce qui les aide ? Actuellement, les scientifiques s'efforcent de répondre à cette question en cherchant ce qui active et désactive les gènes. Dans mes travaux, j'ai découvert que ce sont nos pensées, nos émotions et nos systèmes de croyances qui activent et désactivent nos programmes génétiques, comme je l'explique au chapitre 2. Pour mieux saisir cette approche, on peut comparer l'ADN à un livre d'histoire, le livre de notre vie.

Tout d'abord, nous devons aller au-delà de la représentation classique de l'ADN, celle d'une double hélice ou d'une échelle torsadée contenant notre code génétique. Imaginons-le plutôt sous la forme d'un livre. Certains auteurs, dont Gregg Braden et Matt

Ridley, ont comparé l'ADN à un livre composé de plusieurs chapitres. J'aime bien me le représenter tel un livre gigantesque enregistré sur une bande vivante présente dans le noyau de nos cellules. La banque mémorielle de ce livre constitue un immense entrepôt d'informations dont nous n'avions jamais soupçonné l'existence.

Le livre d'histoire de notre ADN est composé de 46 chapitres, appelés chromosomes. Chaque chapitre contient des épisodes, appelés gènes. Nous avons des milliers de gènes, dont chacun renferme environ 80 000 sous-épisodes. Chaque sous-épisode est fait de mots, appelés codons. Comme il existe 64 combinaisons possibles de codons, on pourrait dire que chaque sous-épisode est constitué de 64 mots, lesquels sont formés des quatre lettres A, T, C et G, les sous-unités du code génétique.

L'une des caractéristiques les plus importantes du livre d'histoire de notre ADN, c'est qu'il n'est pas immuable. On peut modifier les épisodes. En fait, nous ajoutons constamment des expériences au livre d'histoire de notre vie. Quand quelque chose nous arrive, cette expérience et les émotions qu'elle suscite s'ajoutent aux autres épisodes. Les événements négatifs traumatisants ou récurrents créent des changements majeurs dans notre histoire. De même, nous pouvons améliorer intentionnellement notre histoire en enlevant de nos gènes les schèmes défectueux et les influences négatives qui ont éclipsé notre plan divin originel. Une fois ces schèmes nuisibles enlevés, notre corps revient à sa programmation inhérente et saine.

Vingt-deux des chapitres du livre d'histoire de notre ADN contiennent des épisodes qui nous ont été transmis par le lignage de notre mère. Ces épisodes recèlent notre essence féminine ainsi que notre essence masculine provenant du côté maternel. Chaque événement – ou émotion, ou action –, agréable ou non, qu'ont connu nos ancêtres maternels est enregistré là, y compris toutes les pertes, toutes les trahisons et tous les abandons. De plus, ces

22 chapitres englobent les codes indiquant comment nous éduquer, comment éduquer les autres et comment éveiller notre force vitale créatrice.

Vingt-deux autres chapitres du livre d'histoire de notre ADN proviennent du lignage de notre père. Ils contiennent notre essence masculine ainsi que notre essence féminine provenant du côté paternel. Y sont enregistrés tous les événements et toutes les émotions liés au pouvoir, au contrôle, à la responsabilité, à la perfection et à la présentation de nos travaux au monde extérieur. Chaque événement, et chaque émotion, survenu dans la vie des ancêtres de notre père, y compris les guerres, les famines, les épidémies, les sécheresses, l'Inquisition, les génocides et les injustices, est gravé là.

Ensemble, ces 44 chapitres racontent l'histoire de l'équilibre entre notre essence masculine et notre essence féminine. Que nous soyons mâle ou femelle, nous avons tous, sur le plan énergétique, une essence masculine et une essence féminine destinées à s'allier en nous pour nous soutenir. Toutefois, dans notre lignage génétique, notre énergie masculine et notre énergie féminine sont parfois déséquilibrées, ce qui crée en nous des épisodes douloureux marqués par la peur et la perte.

Le code de Dieu

En plus des 44 chapitres transmis par le lignage de notre père et celui de notre mère, il en existe deux autres, qui concernent notre connexion à Dieu et notre séparation du Divin ou de la force vitale universelle. Le code enregistré dans ces deux chapitres, et que nous pouvons appeler « code de Dieu », nous connecte au centre de notre être, où nous ne faisons qu'un avec Dieu et avec l'esprit qui habite tous les êtres.

Notre plan originel comporte une connexion profonde à notre Source. Notre code de Dieu n'est cependant pas toujours activé. Les expériences et les croyances de séparation et de dualité qui nous ont été transmises par notre lignage peuvent causer une défectuosité qui le désactive. Lorsque nous sommes enfermés dans de vieux épisodes héréditaires de pénurie, de compétition et de séparation, il nous est difficile d'accéder à l'information emmagasinée dans notre code de Dieu. Si ce dernier est désactivé, nous nous sentons déconnectés. Nous concevons alors le ciel comme une réalité spirituelle et la Terre comme une réalité matérielle. Nous oublions que l'esprit est partout autour de nous et qu'un seul esprit nous unit tous.

Parmi les croyances transmises à plusieurs d'entre nous se trouve celle-ci : nous devons chercher des réponses à l'extérieur de nous-mêmes. On nous a appris à voir Dieu comme un être détaché de nous. Notre séparation de Dieu ou des autres n'est pourtant qu'une illusion des systèmes de croyances que nous avons hérités de notre société et de notre culture.

Le système de croyances culturel dans lequel nous baignons nous empêche de nous connecter à cette partie supérieure de nous-mêmes enfermée dans notre ADN. Certaines croyances culturelles ne sont pas fondées sur notre code de Dieu, mais sur le matérialisme, la dualité, la cupidité et la pénurie, c'est-à-dire ce qui, selon le « système », est bien ou mal, bon ou mauvais. Et pourtant, nous sommes chacun beaucoup plus que cela. Nous ne sommes pas ce que nos parents ou nos frères et sœurs nous ont dit que nous étions, c'est-à-dire quelqu'un qui n'écoute pas, qui n'est pas respectueux, qui parle trop, qui n'est pas assez intelligent ni assez bon, ou qui ne pourrait jamais répondre à l'attente d'une autre personne. Nous sommes chacun beaucoup plus que les résultats qui apparaissaient sur nos bulletins scolaires ou que le solde de notre compte bancaire. Nous sommes de brillantes étoiles profondément reliées à la connaissance universelle. Lorsque nous effaçons énergétiquement au fond de notre ADN les épisodes de séparation, nous pouvons nous unir de nouveau à notre code de perfection.

Fait intéressant, de récentes recherches indiquent que la science est peut-être sur le point de découvrir la preuve de l'existence du code de Dieu. Comme je l'ai mentionné plus haut, le biologiste moléculaire Dean Hamer croit à l'existence d'un lien génétique avec la spiritualité. Il a remarqué qu'une variation du gène VMAT2 se retrouvait plus souvent chez les individus obtenant la plus haute note au test d'autotranscendance, d'où son affirmation qu'il a peut-être identifié l'un des gènes responsables de notre sentiment spirituel. Ce test mesure des caractéristiques tels le sentiment d'unité avec tout ce qui existe dans l'univers, l'ouverture à ce qui ne peut être prouvé, et la confiance du sujet en ce qu'il ressent.

À la fine pointe d'une nouvelle avancée

Les recherches dont j'ai fait état dans ce chapitre démontrent que nos émotions affectent notre corps, par exemple notre tension artérielle, notre système immunitaire et notre rythme cardiaque. Il y a de plus en plus de preuves que nos émotions ont même un effet sur nos gènes. Mais comment, et dans quelle mesure ? Depuis quand, et jusqu'où s'étend cette influence de nos émotions ? Si nos expériences émotionnelles peuvent altérer nos gènes, et si notre ADN détermine nos phobies et même notre inclination pour la spiritualité, se pourrait-il que les émotions de nos ancêtres se soient encodées dans leur ADN et nous aient été transmises génétiquement ? Se pourrait-il que nous ayons reçu un héritage émotionnel et comportemental dépassant grandement notre vieille conception de l'héritage génétique ? Et si des états émotionnels négatifs, comme le stress, peuvent endommager nos gènes, pourquoi des techniques innovatrices induisant un état émotionnel positif ne pourraient-elles pas les *guérir* ?

Les scientifiques tentent maintenant de traiter les troubles héréditaires ou les maladies chroniques en altérant les gènes pour les réinsérer ensuite dans le corps. Mais puisque nos systèmes de croyances contraignants et nos émotions sont les véritables causes de ces troubles, les techniques d'ADN qui agissent sur le plan énergétique, en vue d'éliminer ces croyances contraignantes, sont extrêmement efficaces pour modifier notre terrain génétique. Autrement dit, lorsque la médecine occidentale conventionnelle examine de près l'ADN, elle observe les acides aminés, les protéines et la composition chimique de la structure, tandis que les techniques énergétiques agissent plutôt selon le principe de la vibration et du flux énergétique à un niveau subtil.

La médecine énergétique (vibratoire) présuppose que le corps possède une infrastructure énergétique invisible à l'œil humain et qui influence nos cellules physiques, nos organes et nos systèmes corporels. Des techniques aussi diverses que la médecine chinoise traditionnelle, l'acupuncture, l'homéopathie, le toucher thérapeutique, et les thérapies par l'électromagnétisme et par les sons, agissent toutes sur les champs d'énergie du corps. De plus en plus de preuves démontrent que lorsque nous altérons le flux d'énergie, ou changeons les schèmes énergétiques, nous observons des changements correspondants sur les plans physique, mental et émotionnel. Nous pouvons aussi agir directement sur le champ énergétique de notre ADN pour provoquer la guérison. L'ADN fonctionne comme notre esprit subconscient ; il retient des événements, des émotions et des croyances dont nous n'avons aucun souvenir dans notre esprit conscient. Afin de ramener un gène à son état sain initial, nous devons accéder aux émotions et aux systèmes de croyances sous-jacents qui l'ont rendu défectueux.

Dans ce livre, nous examinerons des idées à la fine pointe de cette nouvelle avancée scientifique, des idées s'appliquant autant à la guérison physique ou émotionnelle qu'à l'élimination des blocages dans notre vie quotidienne et à la création du type de monde dans lequel nous désirons vivre. Chaque chapitre dévoile une facette particulière du mystère de notre ADN, dont les concepts fondamentaux suivants :

- Nos gènes déterminent beaucoup plus que nos caractéristiques physiques. Ils influencent notre mode de pensée, nos sentiments et nos réactions, orientant ainsi notre état de santé, notre prospérité et nos relations.
- Les émotions affectent et altèrent notre ADN, et, inversement, notre ADN affecte nos émotions, nos attitudes et nos comportements.
- Les émotions qui influent sur nos gènes ne proviennent pas uniquement des expériences que nous connaissons en cette vie. Nous héritons des schèmes émotionnels et des croyances (ou « histoires ») de nos ancêtres. Profondément enchâssées dans notre ADN, ces histoires ancestrales nous influencent d'une manière que nous ne pouvons même pas soupçonner.
- Enfin, nous ne sommes pas prisonniers de notre héritage génétique. Notre code génétique n'est pas immuable ; il peut être modifié. Au moyen de techniques d'autoguérison simples mais puissantes, il est possible de réinitialiser notre code génétique et de réorienter ainsi le cours de notre vie.

2

Notre héritage émotionnel

Le plan de vie inscrit en code dans notre ADN comporte une immense quantité d'informations et de schèmes émotionnels inconscients. Une fois que ces schèmes sont installés, leurs effets se perpétuent automatiquement.

Nous savons comment cela fonctionne en ce qui concerne le corps, qui crée constamment de nouvelles cellules, mais pas nécessairement de nouveaux schèmes. Il lui faut six semaines pour fabriquer de nouvelles cellules du foie, trois à quatre semaines pour renouveler les cellules de la peau, quatre jours pour les cellules de l'estomac, et seulement deux jours pour régénérer celles des yeux. En fait, notre corps remplace en moyenne 2,5 millions de cellules à la minute par la régénération cellulaire, et pourtant les schèmes corporels ne changent pas très souvent. Par exemple, même si les cellules du foie se remplacent toutes les six semaines, un individu chez qui l'on aurait diagnostiqué un cancer du foie en juillet peut très bien avoir encore ce cancer en décembre. Cela rendait perplexes les chercheurs jusqu'à ce qu'ils découvrent que l'ADN contient le code du cancer. Même si de nouvelles cellules sont créées constamment, elles se reproduisent avec la défectuosité dégénérative déjà inscrite dans l'ADN.

Il en est de même des schèmes *émotionnels* encodés dans notre ADN. L'héritage émotionnel transmis par nos ancêtres est responsable des schèmes positifs ou négatifs qui se reproduisent constamment dans notre vie.

Dans mes travaux au cours des ans, j'ai constaté que malgré tous nos efforts pour modifier tel ou tel schème émotionnel – colère, anxiété ou dépendance –, ce schème se perpétue tant que nous n'avons pas mis au jour la véritable source du défaut, soit les épisodes ancestraux qui nous ont été légués au plus profond de nous-mêmes.

Combinés à d'autres facteurs, les « épisodes » familiaux enchâssés dans notre ADN peuvent être la cause de notre richesse ou de notre pauvreté, de notre obésité ou de notre maigreur. Ils peuvent aussi être la cause de nos dépressions, de notre tendance au divorce et de notre attirance pour la musique ou l'architecture. Que nos blocages se situent sur le plan financier, professionnel ou relationnel, tout ce qui va bien ou ne va pas bien dans notre vie dépend des épisodes programmés dans notre code génétique, et ces schèmes ne changeront pas tant que la programmation interne ne sera pas modifiée. Pour restaurer l'intégralité, il nous faut d'abord déceler l'épisode qui a créé le schème en question.

Voici un exemple qui illustre bien comment cela fonctionne. Un jour d'Action de grâce, une fillette de cinq ans aidait sa mère à préparer le repas dans la cuisine. Comme c'était une enfant curieuse, elle dit à sa mère : « Maman, j'aime beaucoup ton jambon. Dis-moi comment tu le fais. » Sa mère lui répondit : « On prend un beau gros jambon et on met dessus de la moutarde, un peu de sucre brun et quelques clous de girofle. On coupe ensuite les deux bouts et on le dépose dans la casserole. » La fillette interrompit alors sa mère :

« Mais pourquoi on coupe les deux bouts ? » Sa mère lui répondit simplement : « Je ne sais pas. Ma mère le faisait toujours comme ça. »

Comme sa grand-mère se trouvait là en ce jour d'Action de grâce, la fillette alla lui demander avec sa mère pourquoi elle coupait toujours les deux bouts du jambon. La vieille dame lui répondit : « Je ne sais trop, mais puisque ton arrière-grand-mère est ici, tu peux le lui demander. » Elles se rassemblèrent alors toutes autour de l'aïeule pour lui demander comment elle faisait cuire le jambon. Celle-ci leur expliqua qu'elle mettait toujours du sucre brun, de la moutarde et des clous de girofle, puis qu'elle coupait les deux bouts du jambon. « Mais pourquoi vous coupiez les deux bouts ? » lui demanda la fillette. Son arrière-grand-mère lui répondit : « Ma pauvre petite, ma casserole n'était pas assez grande pour y mettre tout le jambon ! »

Un schème qui s'est établi se reproduit de génération en génération même si les conditions qui l'ont causé n'existent plus. Dans l'exemple qui précède, l'esprit conscient avait la possibilité de remonter les générations pour savoir comment le schème avait débuté. Cependant, lorsqu'un schème date de plusieurs générations, il n'y a plus personne de vivant pour nous en expliquer l'origine.

L'activation d'anciens souvenirs

Nous avons tendance à croire que nous développons certains schèmes émotionnels et certaines attitudes devant la vie à partir de l'exemple des membres de notre famille ou des personnes qui nous ont éduqués. Bien que ce soit certainement là un facteur toujours présent, il n'explique pas tout. Il n'explique pas, par exemple, la peur de l'eau qu'éprouvent certaines personnes alors qu'elles n'ont eu dans leur vie aucune mauvaise expérience pouvant engendrer cette crainte en elles. Si vous avez vraiment peur de nager dans l'eau, il est fort probable que vos gènes portent le souvenir d'un ancêtre qui s'est noyé. Si vous éprouvez une peur irrationnelle, elle provient vraisemblablement d'un événement réel qui s'est produit quelque part, à une certaine époque, dans votre lignage ancestral*.

Un jour, nous emmenèrent l'un de nos petits-fils, alors âgé de trois ans, voir les feux d'artifice du 4 juillet. Nous avions hâte, car cet enfant aimait beaucoup les spectacles et nous étions certains qu'il adorerait celui-là. Pourtant, dès le premier « Bang ! » il fut terrifié, au point que nous dûmes très vite quitter les lieux. Quand nous fûmes rendus à la maison, il nous demanda de fermer tous les rideaux et de nous cacher. Je sentis que sa terreur provenait d'un souvenir génétique.

Je me rappelai alors que mon père avait été affecté à une patrouille de ski dans les Alpes italiennes pendant la Deuxième Guerre mondiale. Il ne parlait jamais de cette période de sa vie et nous interdisait de lui poser toute question à ce sujet. Sur son lit de mort, alors qu'il était sur le point de passer dans l'autre monde, il revécut ce moment de sa vie. Il évoqua l'horreur des combats, sa traversée des vallées où des milliers d'hommes avaient péri. Ma mère me parla des fréquents cauchemars qu'il faisait et je pouvais sentir sa grande douleur ainsi que sa peur des bruits de la guerre. Me souvenant que mon père souffrait de nombreuses phobies, je me rendis compte que l'horreur qu'il avait vécue avait créé une mutation dans le gène lié aux phobies et que cette mutation avait été transmise à mon petit-fils.

---

* Les termes « lignage ancestral » et « vies antérieures » sont interchangeables dans les techniques que j'utilise. Quand on emploie médicalement la vision intuitive pour « lire » un épisode enchâssé dans l'ADN, on ne peut pas nécessairement savoir si cet épisode provient d'une vie antérieure ou s'il fut transmis par le lignage ancestral. Il se peut aussi que les deux cas existent simultanément. Autrement dit, on peut naître avec certains souvenirs de vies antérieures emmagasinés dans l'ADN tout en héritant les mêmes schèmes de son lignage ancestral.

Les généticiens parlent de gènes « activés » ou « désactivés ». Certaines cellules expriment (activent) certains gènes et en répriment (désactivent) d'autres. Cela fait partie de la « régulation génétique » grâce à laquelle, par exemple, les cellules du foie sont différentes de celles du cerveau. Les scientifiques cherchent maintenant à trouver ce qui active ou désactive tel ou tel gène, dans l'espoir que cela fera grandement progresser la génétique. Dans mes propres travaux au cours des ans, j'ai découvert que nos émotions constituent le facteur clé déterminant quels gènes sont activés ou désactivés.

Quand j'affirme que des gènes sont « activés » ou « désactivés », j'entends par là que les programmes génétiques dont nous héritons ne s'expriment pas toujours immédiatement à la naissance. Parfois, certains schèmes particuliers n'apparaissent dans notre vie que s'il se produit quelque chose qui les déclenche ou les active. Par exemple, une certaine maladie peut se trouver à l'état potentiel dans nos gènes, mais ne se manifestera que si une émotion, ou un événement particulier, vient raviver un ancien souvenir, réveillant ainsi le gène dans lequel elle est inscrite. Comme pour plusieurs fonctions corporelles, tout cela se passe à notre insu.

Dans son ouvrage intitulé *Marcher entre les mondes / La science de la compassion*, Gregg Braden évoque l'influence des émotions sur notre ADN. Il cite les travaux du généticien Dan Winter, lequel soulève la possibilité que l'émotion (qualifiée d'onde longue par Winter) programme l'onde courte de l'ADN et que l'interaction de la forme d'onde de l'émotion sur la double hélice détermine en quelque sorte le site d'activité ou d'inactivité du code génétique. « Les implications de cette seule étude, écrit Braden, sont vastes et profondes, car elles font entrevoir un lien possible entre l'ADN et l'émotion[1]. »

Le traumatisme déclenche la maladie

Ce qui est survenu à un adolescent que nous nommerons Sam constitue un parfait exemple du déclenchement d'une maladie par un traumatisme subi dans cette vie-ci. À l'âge de 16 ans, ce garçon développa soudainement une allergie au blé, alors qu'il n'avait jamais été incommodé par cette céréale auparavant. Cette allergie nouvellement apparue chez Sam était très sérieuse : s'il mangeait du blé, son corps manifestait les symptômes de la mort. Alors que je travaillais avec lui en utilisant les techniques d'autoguérison de l'ADN, nous avons tous les deux découvert que l'épisode génétique sous-jacent à son problème remontait à quatre générations, précisément à son arrière-grand-père. À 16 ans, ce dernier avait émigré aux États-Unis après que sa famille eut été massacrée dans un champ de blé en Russie. Le blé demeura donc pour toujours associé à la mort dans son esprit. Cet épisode avait été si traumatisant qu'il s'enregistra dans sa mémoire génétique, demeurant littéralement programmé dans ses gènes. Cet épisode fut ensuite transmis à Sam, dans ses propres gènes, y restant enchâssé.

À son seizième anniversaire, un événement se produisit, qui vint réveiller cette histoire : la mort de son père. Ce traumatisme déclencha dans son ADN l'épisode où la mort était associée au blé. Résultat : non seulement l'adolescent développa une allergie au blé, mais son corps réagit en manifestant les symptômes de la mort. En appliquant les techniques de guérison vibratoires que j'enseigne, nous avons neutralisé énergétiquement dans ses gènes la croyance que « le blé cause la mort » et l'en avons extirpée. Son allergie au blé disparut.

C'est là un exemple spectaculaire, mais nullement isolé, qui illustre comment nos émotions et les systèmes de croyances enfouis profondément dans la mémoire de notre ADN peuvent affecter notre santé. Les émotions sont en effet les gabarits vibratoires qui activent ou désactivent nos gènes. Elles raniment les épisodes qui y dorment. Cela explique partiellement pourquoi les enfants d'une même famille ne développent pas nécessairement les mêmes maladies et n'éprouvent pas les mêmes troubles émotionnels. Bien que les enfants nés de mêmes parents possèdent les mêmes épisodes enregistrés dans leur ADN, ceux-ci demeurent latents jusqu'à ce qu'un événement les déclenche. Ce sont les émotions particulières de chaque enfant qui font en sorte qu'il manifestera l'une ou l'autre de ses diverses options ancestrales. Ce sont ces émotions qui activent ou désactivent le programme génétique. Par exemple, mon frère souffre d'arthrite, mais pas moi. Il a connu une expérience déterminante que je n'ai pas eue. Il a vécu dans un pensionnat loin de la maison familiale et le sentiment de séparation qu'il a alors éprouvé a déclenché son arthrite.

Heureusement, comme nous le savons maintenant, nous ne sommes plus obligés de rester prisonniers de notre héritage génétique. Le principe fondamental à la base de la guérison de l'ADN, c'est que celui-ci n'est pas un code immuable, mais variable. Au chapitre 1, j'ai résumé les recherches scientifiques qui révèlent que notre code génétique n'est pas statique, mais qu'il subit des changements et que nos émotions y contribuent. J'ai mentionné que la recherche de pointe sur l'interaction des émotions, des gènes, du système immunitaire et du comportement a conduit des chercheurs comme Candace Pert à affirmer que « l'esprit ne domine pas le corps, il *devient* le corps ; le corps et l'esprit ne font qu'un ». Ernest Rossi, psychothérapeute et pionnier de la psychobiologie de la guérison corps-esprit, parle en réalité de « connexion gènes-esprit ». Il affirme que nos pensées, nos émotions et nos expériences quotidiennes peuvent modifier l'expression génétique.

Dans mon travail, j'ai eu recours à des techniques d'autoguérison énergétique qui mettent en pratique ces principes. Ces techniques démontrent que nous avons le pouvoir de changer l'histoire inscrite dans nos gènes, et ce, en profondeur. Tout le monde peut apprendre à travailler énergétiquement sur son ADN pour lui rendre son état initial, associé à une santé rayonnante et à l'abondance. Une fois que vous saurez découvrir et décoder votre système de croyances inconscient ainsi que la source émotionnelle qui active ou désactive vos gènes, vous pourrez neutraliser les vieux schèmes contraignants et les éliminer. Les vieux souvenirs ou scénarios demeureront peut-être en vous, mais vous n'aurez plus cet attachement émotionnel susceptible de les déclencher. Vous serez libéré de leur influence.

L'effet des émotions sur nos gènes

Au cours de l'un de mes nombreux voyages en Écosse, j'ai vécu une expérience qui m'a permis de comprendre parfaitement comment les émotions peuvent activer un gène spécifique. Pour bien saisir le contexte, il faut savoir que ma mère, lorsqu'elle était enceinte de moi, a fait une fausse couche vers le cinquième mois de sa grossesse. Pourtant, un mois plus tard, les médecins furent surpris de constater qu'elle était toujours enceinte – en fait, elle aurait au départ porté des jumeaux. Ils lui apprirent alors que les médicaments qu'ils lui avaient prescrits après sa fausse couche pouvaient être très toxiques pour un fœtus et qu'il valait mieux pratiquer un avortement. Après avoir bien pesé le pour et le contre, ma mère décida toutefois de poursuivre sa grossesse.

Heureusement, je naquis en bonne santé, bien qu'il y eût quelques complications. Mes poumons s'affaiblirent très vite après ma naissance et j'en souffris pendant de nombreuses années. Chaque automne, j'attrapais un rhume qui dégénérait en bronchite. Dès que j'allais mieux, j'en attrapais un autre qui dégénérait aussi en bronchite, et ce cycle se poursuivait jusqu'au printemps. Je devais donc prendre des antibiotiques et faire des inhalations tout l'hiver. Jamais je n'aurais pu imaginer que tout cela changerait un jour, grâce à un voyage en Écosse.

C'était le début de l'automne et je voulais aller voir les menhirs de la vallée de Kilmartin. Un vent glacial nous pénétrait jusqu'aux os. Dans toute cette région, des gens avaient vécu, aimé, dansé, pleuré, chassé et prié pendant plus de dix mille ans. Debout au bord de la vallée, je regardais les cairns funéraires s'étendant sous mes yeux et dont chacun recelait une histoire particulière. Je devinais et sentais toutes les luttes qui avaient eu lieu dans ce paysage depuis les temps les plus reculés.

À l'ombre du château de Carnassarie, qui surplombe la vallée, je me mis à frissonner au souvenir d'une époque où la terreur régnait sur ces terres. En lisant l'histoire de ce château, j'avais appris que Duncan d'Auchenbreck en avait perdu la propriété à cause de sa participation au soulèvement contre le roi en 1685. Les habitants de la vallée avaient alors perdu leurs troupeaux, et donc leur gagne-pain ; on saisissait leurs moutons et leurs chevaux sous le moindre prétexte. Les pierres de cette vallée renfermaient le souvenir de toutes ces trahisons, de tous ces combats entre clans, de toutes ces ruptures.

Tandis que le vent soufflait fort aux alentours, j'eus soudain l'impression de m'être déjà trouvée dans ce lieu. Je sentis alors d'anciens souvenirs de perte et de lutte me remonter à la mémoire, et fus envahie par une immense tristesse. La famille de mon père ayant vécu en Écosse, c'était pour moi davantage que le souvenir d'un épisode dont j'aurais pu lire le récit dans un livre d'histoire. Je me souvenais en fait d'une histoire ancienne inscrite dans l'ADN de mon ascendance. Les souvenirs de la relation complexe entre cette terre et les gens qui l'avaient habitée se réveillaient soudain en moi.

Le lendemain matin, je m'éveillai avec un rhume. À mon retour aux États-Unis, il avait dégénéré en pneumonie, mais, pour la première fois dans toute l'histoire de ma maladie chronique, je comprenais ce qui l'avait déclenchée : les souvenirs de ce qui

Comment les émotions et les croyances enfermées dans notre ADN affectent notre santé

Les programmes génétiques dont nous héritons ne s'expriment pas toujours immédiatement. Les vieux souvenirs qui dorment dans nos gènes sont réveillés par les émotions et les traumatismes que nous vivons, ce qui a pour résultat de faire remonter des maladies (ou tout autre schème nuisible) à la surface. Une fois que nous savons décoder nos croyances inconscientes et les émotions qui activent ou désactivent nos gènes, nous pouvons neutraliser et éliminer les vieux schèmes contraignants.

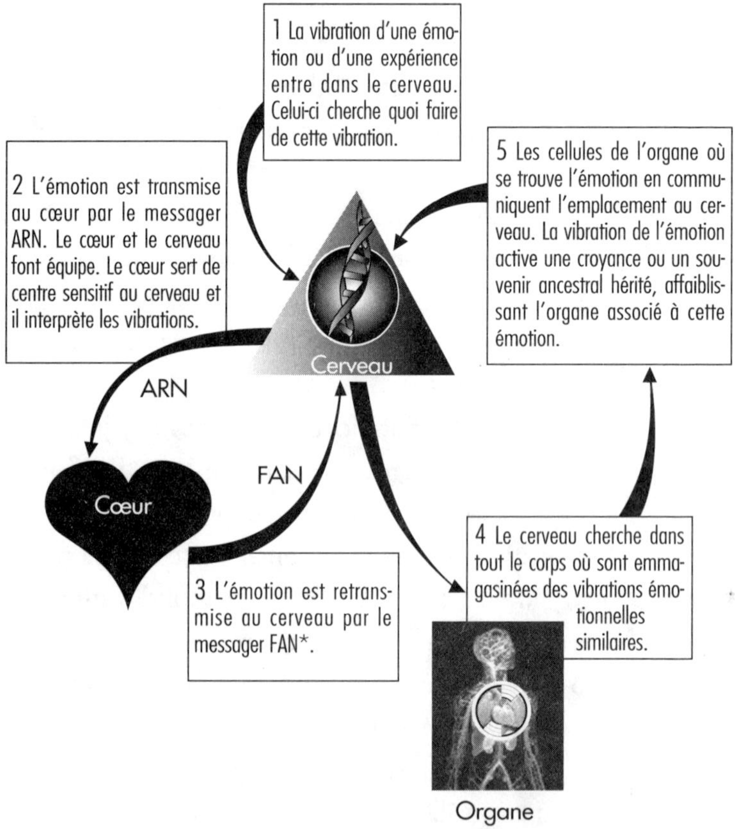

6 En appliquant les techniques énergétiques, nous pouvons identifier notre épisode intérieur, puis neutraliser et éliminer de notre ADN les souvenirs de perte et de chagrin. Quand les croyances et les schèmes contraignants ont été éliminés des gènes, le corps retrouve son plan de santé originel.

Vera Gadman 2005

* Le facteur atrial natriurétique (FAN) est un peptide de 28 acides aminés étroitement associé au peptide cérébral natriurétique (PCN), mais il est surtout dans le cœur.

Comment des émotions ont déclenché une sévère allergie

Ce diagramme illustre comment nos émotions et nos croyances peuvent déclencher la maladie. L'exemple retenu ici est celui d'un adolescent qui, sans aucun symptôme préalable, est devenu soudainement allergique au blé (voir page 30).

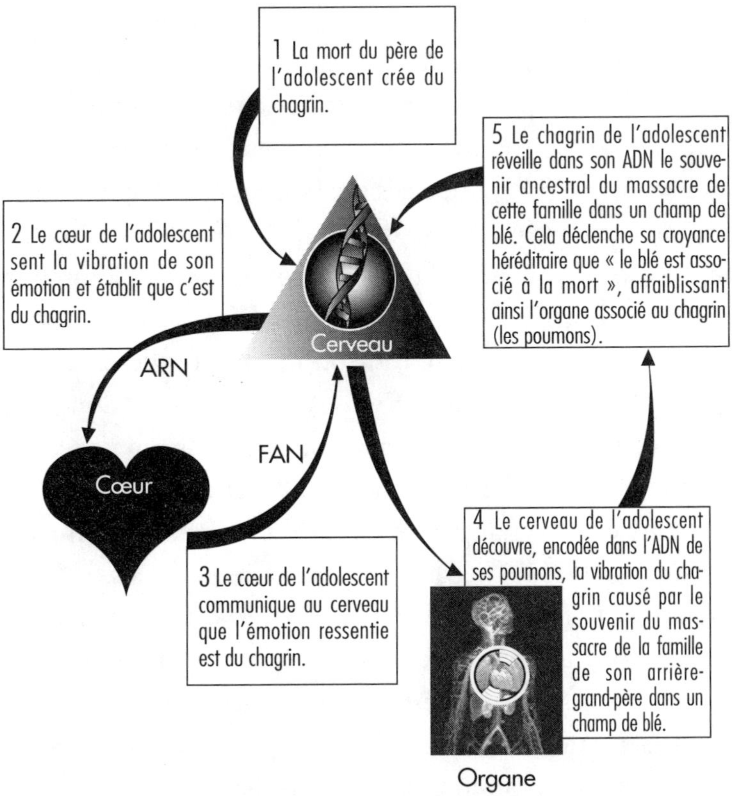

6 L'adolescent a utilisé les techniques d'autoguérison de l'ADN pour neutraliser et éliminer la croyance encodée dans ses gènes selon laquelle « le blé cause la mort ». Son allergie a disparu.

Vera Gadman 2005

s'était produit en Écosse. À l'époque, j'étais aussi en train de perdre une amitié. Le chagrin qui avait refait surface en Écosse, ajouté à la douleur provoquée par la perte de cette amitié, avait affaibli mes poumons.

Accablée par ces émotions, je me livrai à une profonde introspection. Examinant ma vie rétrospectivement, je me rappelai l'histoire de ma naissance et la perte de mon jumeau, laquelle perte avait constitué ma première souffrance en cette existence. Je me souvins également que mes deux grands-parents étaient morts de pneumonie. Allant encore plus loin au moyen d'une technique que j'avais développée pour révéler les schèmes archétypaux associés aux problèmes de l'existence présente, je vis réapparaître ces mêmes schèmes. (J'explique ces techniques aux chapitres 4 et 5.)

Selon la théorie chinoise des cinq éléments, les poumons sont associés à l'élément métal et à l'émotion chagrin. Comme je l'explique au chapitre 4, j'associe le métal à l'archétype de l'Alchimiste et à sa capacité (ou son incapacité) de créer le changement et la transformation. En unissant toutes ces données, j'obtins la confirmation que ma faiblesse pulmonaire avait été déclenchée par le chagrin causé par mes anciens souvenirs et par mon incapacité à changer le cours d'une relation amicale que j'étais sur le point de perdre. Je savais que je devais, pour guérir, neutraliser à la fois mes anciens souvenirs d'Écosse et mon chagrin actuel. Forte de ces éléments clés, je pus appliquer les techniques que j'avais créées pour neutraliser et éliminer énergétiquement de mon ADN les souvenirs de perte et de chagrin. Depuis, mes poumons sont plus résistants.

La reconstruction de notre histoire

L'un de mes clients, prénommé Richard, s'est rétabli d'une grave maladie après avoir réussi à comprendre son héritage émotionnel. À l'époque où il m'a consultée, il utilisait un fauteuil roulant périodiquement depuis deux ans. Assailli par de nombreuses maladies, dont le lupus, il avait perdu la presque totalité de sa masse musculaire. La communauté médicale ne pouvait plus rien pour lui.

Nous avons tout d'abord recherché la cause émotionnelle de sa maladie. Avant qu'elle soit diagnostiquée, Richard travaillait comme consultant d'une grande société. Il avait dû démissionner ensuite. Quand je lui demandai de me parler de son travail, il me dit que, juste avant de tomber malade, il avait été promu à un poste très exigeant et qu'il avait eu beaucoup de difficulté à se montrer à la hauteur de son nouveau rôle. Je lui demandai ensuite s'il s'était produit quelque chose d'inhabituel dans son enfance. Il me répondit que son père était mort peu de temps après sa naissance et que sa mère avait eu beaucoup de difficulté à remplir son rôle exigeant de mère monoparentale. Dans son récit, il avait employé deux fois jusqu'ici le mot « exigeant ».

Je le fis passer à l'étape suivante du processus de guérison. Il nous fallait découvrir l'archétype et l'émotion à l'origine de son trouble. Ce processus nous mena à l'élément bois, associé au schème archétypal du Pionnier (lié à la liberté) et à l'émotion ressentiment. Une partie de son histoire se résumait comme suit : quand une position professionnelle exigeante lui avait échu, Richard avait ressenti la perte de son esprit de pionnier, associé à la liberté. Nous avons alors pu faire remonter son ressentiment – devant sa perte de liberté et les exigences qu'on lui imposait – à celui de sa mère devant la difficulté de satisfaire aux exigences de son rôle de parent unique.

En outre, ce schème remontait encore plus loin. En approfondissant davantage notre recherche grâce à la technique de cartographie numérique (décrite au chapitre 4), nous avons retrouvé l'émotion ressentiment chez la troisième génération antérieure, du côté paternel. L'arrière-grand-père de Richard avait dû, lui aussi, faire face à des exigences difficiles. Il avait immigré aux États-Unis quand il était jeune garçon et toute sa famille avait compté sur lui pour qu'il y gagne suffisamment d'argent afin de les y faire venir. Lui aussi avait donc dû porter le fardeau d'une situation exigeante et ressentir durement la séparation d'avec sa famille. Ces émotions avaient trouvé écho dans la perte que Richard et sa mère avaient ressentie à la mort du père et mari.

Énergétiquement, l'histoire inscrite dans l'ADN de Richard, provenant de l'époque de son arrière-grand-père, constituait la cause fondamentale de son lupus. Richard avait hérité la croyance que les situations exigeantes créent une perte de liberté. Presque depuis sa naissance, il avait connu cette situation, alors que sa mère se débattait contre les exigences de devoir subvenir seule aux besoins de sa famille. Quand il eut sa promotion professionnelle, la même histoire se répéta et les émotions qui y étaient associées se redéclenchèrent, activant cette fois une maladie grave. En développant le lupus, il ne faisait que manifester la croyance que « les situations exigeantes font perdre la liberté ». Dans ce cas-ci, la perte de liberté s'était manifestée par le lupus, qui le privait de la liberté physique de faire ce qu'il aimait. L'effet produit par la reconstruction de son histoire et par l'élimination énergétique de l'émotion négative encodée dans son ADN fut spectaculaire. En onze semaines, les muscles et les os de Richard se régénérèrent, et il recouvra la santé.

Jusqu'où nos schèmes liés à l'argent vont-ils ?

Jusqu'ici, dans ce chapitre, j'ai expliqué comment notre héritage émotionnel peut affecter notre santé. Voyons maintenant comment il peut affecter un autre secteur de notre vie, celui de nos finances. Supposons que l'un de vos ancêtres a toujours eu de la difficulté à gagner de l'argent, ou à le conserver, en raison de la croyance que l'argent était difficile à obtenir ou qu'il fallait travailler fort pour en avoir. Cette croyance fut littéralement absorbée par les cellules de cet ancêtre et s'y est gravée. Elle est devenue, pour ainsi dire, une partie de sa mémoire cellulaire et a été emmagasinée dans ses gènes, devenant ainsi susceptible d'être activée le cas échéant.

Comment la croyance de votre ancêtre peut-elle influer sur votre existence présente ? Supposons cette fois que vous venez de gagner à la loterie, mais que votre code génétique est toujours porteur de la croyance qu'il vous faut travailler fort pour obtenir de l'argent. Vous retrouvant alors dans une situation où vous n'avez pas « travaillé fort » pour obtenir tout cet argent, vous retournerez inconsciemment au schème préprogrammé, afin de l'actualiser. Si vous n'éliminez pas ce schème, vous perdrez d'une façon ou d'une autre cet argent qui vous est venu soudainement, peut-être en le dépensant ou en le donnant à d'autres, parce que vous êtes inconsciemment animé de culpabilité. N'ayant pas « travaillé fort » pour le gagner, vous ne croyez donc pas le mériter. En fait, les statistiques révèlent que près de 90 % des gens qui gagnent à la loterie dépensent tout leur avoir en une dizaine d'années et que certains le perdent même en quelques semaines. Pourquoi donc ? Parce que l'histoire inscrite dans leur ADN prévaut.

Évidemment, plusieurs de nos schèmes associés à l'argent reflètent le comportement financier familial dont nous avons été témoins. Si nous avons grandi dans un milieu où l'argent abondait et était librement partagé, nous adopterons le même schème. Si nous avons été élevés dans une famille pauvre où l'on craignait toujours de ne pas avoir le nécessaire, nous aurons peur de perdre notre argent ou de ne pas en avoir assez, et ce, que nous en ayons peu ou beaucoup. Pourtant, les comportements observés et appris dans notre famille ont souvent leur origine dans des événements et des émotions vécus par nos ancêtres.

La famille de mon père a quitté l'Écosse pour venir s'installer aux États-Unis avec la pauvreté dans ses gènes. Bien qu'il y eût beaucoup d'argent dans la famille de mon père lorsque j'étais enfant, tout le monde était extrêmement prudent quant aux dépenses. Il fallait réutiliser les sachets de thé plusieurs fois, sinon on était accusé de gaspillage scandaleux. Cette croyance d'austérité remonte à l'époque des clans, où il fallait « économiser en prévision des jours de pénurie », car on ne savait jamais ce que nous réserverait le lendemain, ni où l'on vivrait, ni ce que la saison suivante apporterait. On vivait constamment dans la crainte de ne pas avoir suffisamment de nourriture pour survivre.

Bien que la prévoyance soit une belle qualité, nous nous contraignons si nous laissons toujours la peur dicter notre comportement. Des clients, qui vivaient dans une grande aisance financière, avaient toujours peur de perdre leur fortune, parce qu'un schème de peur était enchâssé dans leur code génétique. Une fois activée, la croyance de vos ancêtres se manifestera dans votre vie par le truchement de la vibration de la mémoire cellulaire transmise de génération en génération. Vous seul pouvez briser cette chaîne.

Changer nos signaux subconscients

Le cas d'un jeune Britannique prénommé Roger, qui essayait en vain de vendre sa maison, offre un exemple éloquent de l'impact que peuvent avoir sur notre vie nos schèmes ancestraux liés à l'argent. Ayant deux hypothèques, Roger devait réduire ses dépenses. Quand lui et moi avons identifié son histoire génétique, nous avons découvert que son arrière-grand-mère, qui vivait en Écosse, avait eu de la difficulté à créer une nouvelle communauté lorsqu'elle avait déménagé en Angleterre. Lui-même avait donc hérité de la croyance que les nouvelles communautés sont difficiles à créer. Son esprit conscient désirait vendre la maison, mais son subconscient craignait de le faire. Chaque fois qu'un acheteur potentiel se présentait, celui-ci entendait sans doute une petite voix intérieure lui disant : « S'il vous plaît, n'achetez pas ma maison, car je vais alors perdre ma communauté. »

Imaginez l'ADN de vos cellules envoyant un signal à votre intention subconsciente. Les scientifiques ont démontré que notre ADN émet effectivement un signal, qu'ils appellent « lumière photonique ». Notre ADN est comme un phare émettant constamment ce que nous ressentons, et nous lisons mutuellement nos signaux. En recourant au processus d'autoguérison de l'ADN pour éliminer sa croyance contraignante, Roger a pu modifier le « signal » qu'il émettait vers l'extérieur. Le lendemain même, les animateurs d'une émission télévisée sur la rénovation décidèrent d'inscrire sa maison sur leur liste, et elle fut évidemment vendue aussitôt.

Une femme qui assistait à l'un de mes séminaires avait besoin d'exactement 3 000 $ pour s'offrir le voyage qui lui permettrait de suivre un cours qu'elle désirait beaucoup. Je l'aidai d'abord à identifier le système de croyances héréditaire qui lui laissait croire que c'était impossible, puis à éliminer ensuite ce blocage de son ADN. Quand elle rentra chez elle, elle trouva dans son courrier un chèque qui lui était dû à la suite d'un divorce ayant eu lieu sept ans auparavant et qu'elle n'attendait plus depuis longtemps. Le montant de ce chèque était exactement de 3 000 $.

Dans un autre cas, une jeune femme qui assistait à un séminaire et voulait améliorer sa relation avec son conjoint réagit très rapidement au processus de guérison. S'étant portée volontaire pour se soumettre à une démonstration du processus, elle se trouvait donc sur l'estrade. Pendant cinq ans, elle avait vécu une relation dans laquelle elle ne recevait aucun soutien. Nous allâmes directement à l'origine de ce schème et éliminâmes ce blocage de la mémoire de son ADN. Soudain, alors même qu'elle était toujours sur l'estrade, son téléphone cellulaire sonna, et elle répondit. C'était son ami qui l'appelait, pour lui dire ceci : « Ma chérie, il fait mauvais et la nuit tombe. J'ai ouvert la porte du garage afin que tu n'aies pas à sortir pour garer la voiture. Et je ne veux pas que tu arrêtes à l'épicerie en revenant, parce que j'ai préparé le souper. » Elle demeura bouche bée. En cinq ans de vie commune, jamais il n'avait eu une telle attention à son endroit.

Les changements que nous désirons obtenir ne se produisent pas toujours aussi rapidement que dans les exemples qui précèdent. Une fois que nous avons éliminé une croyance contraignante et conçu l'intention de manifester un nouveau schème dans notre vie, nous devons attendre le résultat, qui surviendra en temps et lieu. Parfois ce sera instantané ; parfois cela prendra un mois ou deux, ou même davantage. Mais cela finira toujours par arriver.

En plus des épisodes ancestraux qui sont enchâssés dans nos gènes, d'autres facteurs puissants influencent notre ADN. La science actuelle nous révèle que tout l'univers est dans un état de vibration et que tout ce qui en fait partie, y compris nous-mêmes, a sa propre fréquence vibratoire. Ces vibrations sont émises vers l'extérieur et influencent dans une certaine mesure tout ce qui nous entoure. Chaque mot prononcé possède également sa propre fréquence. Les mots sont extrêmement puissants. Ils ont le pouvoir de créer le plus beau rêve, comme la plus grande douleur.

La vibration des mots que nous avons entendus quand nous étions enfants s'est profondément imprimée dans notre mémoire cellulaire. Si quelqu'un nous a dit que nous étions stupides ou pas très intelligents, nous l'avons cru (à moins d'avoir subi d'autres influences contraires) et nous avons fait beaucoup de choses stupides pour prouver la justesse de ces propos. Si quelqu'un nous a dit que nous chantions mal ou que nous dansions mal, ou que nous étions mauvais à tel ou tel sport, nous avons absorbé la vibration de ces paroles et notre vie y a été soumise. Inversement, après avoir entendu des paroles porteuses d'une vibration de beauté, nous avons aussi absorbé cette vibration. Si quelqu'un nous a dit que nous étions brillants ou exceptionnellement habiles dans ce que nous faisions, ou que nous étions gentils et pleins de compassion, nous avons agi conformément à cette croyance et vécu alors dans la grâce et la facilité. Chez la plupart d'entre nous, il y a une combinaison des deux. Parfois notre lot est évident ; parfois il ne l'est pas. Dans le chapitre suivant, nous examinerons de plus près certains autres facteurs qui exercent une influence importante sur notre ADN et, par conséquent, sur notre vie.

3

Les faux schèmes de la Matrice

Nous avons tous des schèmes dans notre ADN et ils sont de deux sortes : les schèmes supérieurs de notre plan originel et les faux schèmes qui nous empêchent de réaliser la totalité de notre potentiel. Nous venons en ce monde avec à la fois notre plan originel parfaitement intact et, latents en lui, les souvenirs génétiques hérités, qui sont incompatibles avec notre matrice parfaite de bien-être et d'abondance.

Ces schèmes nuisibles que nous héritons de nos ancêtres ne sont pas les seuls obstacles nous empêchant d'accéder à notre plan originel parfait. Nous grandissons aussi avec plusieurs croyances culturellement bien établies qui n'appartiennent pas à notre nature véritable et nous inhibent. J'appelle ce système de croyances « la Matrice », d'après le film du même nom. Chaque culture comporte de puissants systèmes de croyances qui influencent notre perception du monde. Plusieurs des croyances avec lesquelles nous avons grandi nous soutiennent dans l'existence ; celles-là, nous désirons les maintenir et les renforcer. Mais il en est d'autres, dont certaines ne sont même pas conscientes, qui ne nous soutiennent aucunement. Au contraire, elles nous limitent, nous nuisent et contribuent même à nous rendre malades. Ce sont celles-là que nous voulons apprendre à éliminer.

Le film *La Matrice* est basé sur l'idée que nous sommes programmés pour vivre dans un monde que nous croyons réel, mais qui n'est qu'un programme ; nous sommes donc tels des robots. Si j'emploie le mot « matrice », ce n'est pas parce que je crois que nous sommes des robots emprisonnés dans ce monde ou que nous avons de terribles ennemis à détruire. Ce qui nous tient réellement captifs, c'est plutôt la série de systèmes de croyances et d'idées que nous y avons apportés avec nous. La Matrice est le système de croyances que nous avons fini par accepter comme étant la vérité, une gigantesque toile d'idées que nous croyons bonnes ou mauvaises. Ce sont les règles que nous avons créées en tant que société, pour diriger notre existence.

Quand nous arrivons en ce monde, nous sommes d'heureux petits êtres. Avec le temps, toutefois, nous sommes mis en contact avec la Matrice afin de survivre. Nos parents sont habituellement les premiers à nous présenter des idées reçues. Puis ce sont nos professeurs, nos amis, nos connaissances, les chefs religieux et les médias qui nous imprègnent de leurs croyances.

Une toile d'idées gigantesque

Les enfants sont d'excellents imitateurs. Ils absorbent chaque pensée, chaque sentiment et chaque émotion qui se manifeste dans leur environnement. Ils ne se demandent pas si telle ou telle situation est bonne ou mauvaise ; ils se contentent d'enregistrer sur leurs bandes « intérieures » tout ce qu'ils perçoivent. Les six premières années de la vie d'un enfant sont les plus facilement programmables. Dès l'âge de six ans, l'histoire que notre culture nous a apprise est entièrement imprimée en nous. Des recherches démontrent que, de la naissance à l'âge de deux ans, les enfants sont principalement en état d'ondes delta, un état inconscient apparenté au sommeil et qui correspond à l'état hypnotique chez l'adulte. Entre deux et quatre ans, ils sont principalement en état d'ondes thêta, un état imaginatif apparenté au rêve et qui correspond chez l'adulte à l'état situé entre le sommeil et l'éveil. Vers l'âge de six ans, la fréquence d'ondes alpha prédomine, un état de calme favorisant la créativité et l'assimilation de nouveaux concepts. Ce n'est que vers l'âge de douze ans que l'état d'ondes bêta devient prédominant. C'est l'état d'attention active, focalisée, un état associé à l'activité normale d'un adulte.

Ces recherches révèlent que les jeunes enfants sont extrêmement influençables et impressionnables. Ils acceptent et assimilent facilement tout ce qu'ils voient, entendent et sentent dans leur entourage. Comme le dit une vieille maxime : « Laissez-moi vos enfants jusqu'à l'âge de sept ans et ils seront alors miens. » Autrement dit, si nous pouvions préserver nos enfants de toute programmation jusqu'à l'âge de six ans, ils seraient exempts de plusieurs des faux schèmes contraignants et débilitants que la Matrice tente d'imposer à chacun.

Les croyances programmées sur nos bandes intérieures couvrent un immense territoire. Voici quelques exemples de croyances que nous avons sans doute adoptées de la Matrice :

- Ne sors pas dehors sans ton manteau, car tu vas attraper la crève.
- Ne grimpe pas dans un arbre, car tu vas tomber et te casser le bras.
- Prends soin de ton argent, car il est difficile à gagner.
- C'est dur de régler des factures.
- Les bonnes filles ne disent pas tout ce qu'elles pensent.
- Les bons garçons sont forts et ne pleurent jamais.

- La vie est difficile.
- On ne doit jamais commettre d'erreurs.
- Les femmes sont des pourvoyeuses de soins.
- Les femmes ont moins de pouvoir que les hommes.
- Je suis égoïste quand je m'occupe de moi-même.
- Un homme ne doit pas montrer ses émotions.
- Je serai bien quand j'aurai rencontré la bonne personne, ou quand j'aurai perdu cinq kilos, ou quand j'aurai obtenu une promotion, ou quand je serai marié.

Alors que nous vieillissons, nous n'avons pas besoin de nous faire rappeler de telles affirmations, car elles sont déjà programmées sur nos bandes intérieures. Ces programmes, qui roulent constamment dans notre tête, nous renforcent quant à ce que nous devrions (ou ne devrions pas) dire, faire, sentir.

La Matrice ne soutient pas l'individualisme

La Matrice ignore complètement l'individualisme. Sa devise pour chacun est la suivante : « Intégrez-vous. » Son message s'énonce comme suit : « Si vous suivez correctement les règles, vous ne serez pas abandonné et vous serez récompensé pour vos efforts. » Si nous choisissons de nous écarter de la Matrice et d'en ignorer les règles, on nous dit que nous sommes dans l'erreur et on nous exclut. L'exclusion étant la plus douloureuse des punitions, nous pouvons tomber facilement dans le piège de l'illusion de la Matrice en cédant à la peur d'être abandonnés à défaut de nous conformer aux règles.

Plusieurs croyances culturellement héritées sont liées à la peur du rejet, de la solitude, du succès, de l'échec, de la perte de contrôle, de l'indignité, du jugement, de l'abandon, de la contestation des systèmes de croyances culturels, ou bien encore à la peur d'avoir l'air ridicules, de commettre des erreurs ou de ne pas être parfaits. Très peu d'entre nous ont été encouragés à chercher ce qu'il y avait de bon ou de particulier en eux. Au contraire, la plupart ont appris à chercher ce qu'il y avait de mauvais plutôt que ce qu'il y avait de merveilleux en eux, chez les autres et dans le monde.

J'ai observé ce conditionnement négatif quand j'enseignais à l'école primaire, il y a quelques années. Par exemple, les enfants étaient récompensés s'ils trouvaient ce qui était « mauvais » dans des images spéciales qu'ils devaient colorier, soit une table n'ayant que trois pieds, un oiseau sans bec ou un enfant frappant une pomme avec une batte de baseball. Ils obtenaient des points quand ils coloriaient l'« erreur » que comportait l'image. L'imagination n'était donc pas encouragée.

Enfant, j'ai eu la chance de grandir dans une famille qui favorisait mon imagination et mon individualisme. Ma mère aimait beaucoup que je me serve de mon imagination ; elle m'y encourageait à chaque occasion. Quand j'étais en quatrième année, par exemple, nous étudiions la culture d'Hawaï et j'eus envie que l'on fasse une fête à la manière hawaïenne. Même si nous n'étions pas très fortunés, cela n'a jamais empêché ma mère de me laisser m'amuser. Elle trouva mon idée merveilleuse et décida que nous avions les moyens d'organiser une telle fête. Elle m'apprit que les Hawaïens mangeaient beaucoup de poisson, et nous avions déjà plusieurs boîtes de thon à la maison. Elle me dit aussi qu'ils mangeaient beaucoup de melons d'eau, et il y avait justement un champ de melons de l'autre côté de la rue. Et, évidemment, les Hawaïens boivent beaucoup de « punch hawaïen » et nous pouvions sûrement nous offrir cela.

Nous fixâmes donc la date de cette fête. Nous fabriquâmes des jupes hawaïennes en papier crépon et des colliers de fleurs. Nous sortîmes tous les meubles du salon afin de faire plus d'espace pour la fête, puis ma mère nous confia, à mon frère, mes sœurs et moi-même, la tâche de peindre une fresque de palmiers sur les murs du salon. Le résultat fut si magnifique que nous avons laissé cette fresque telle quelle pendant deux ans.

Il y avait cependant des gens qui n'aimaient pas mon imagination. Hors du foyer familial, celle-ci m'attira beaucoup de problèmes. Un jour, pendant la période de classe consacrée aux arts plastiques, la maîtresse nous demanda de dessiner le cheval le plus magnifique que nous pouvions représenter. Tandis que je dessinais le mien, je regardai soudain la belle queue-de-cheval de la fillette assise en avant de moi. Je n'aurais pu rêver d'une plus belle queue pour mon cheval. Je coupai donc quelques cheveux de ma camarade et les collai à l'endroit où devait aller la queue de l'animal. Je lui montrai mon dessin et elle se coupa alors elle-même quelques cheveux pour son propre cheval. D'autres élèves trouvèrent aussi que c'était une excellente idée et firent la même chose. Quand la maîtresse revint dans la classe, elle fut horrifiée, et je passai le reste de la journée dans le bureau du directeur. La Matrice n'avait pas soutenu mon imagination ni mon individualisme.

Quelle est la force de nos illusions ?

Certaines recherches démontrent bien la puissance de la Matrice. Dans une étude classique de psychologie sociale effectuée par Solomon E. Asch et publiée dans la revue *Scientific American* en 1955, sous le titre « Les opinions et la pression sociale », on a évalué l'aptitude des gens à faire confiance à leurs propres connaissances. (On pourrait aussi le dire ainsi : cette expérience visait à évaluer la vulnérabilité des gens à se faire coincer dans la Matrice.) On donna aux participants de cette étude une grosse carte sur laquelle était tracée une seule ligne, ainsi qu'une deuxième carte sur laquelle étaient tracées trois lignes de longueurs différentes ; il s'agissait pour eux de trouver à laquelle de ces trois lignes correspondait celle de la première carte. Selon

Asch, dans un contexte normal, on choisit la mauvaise ligne dans moins de un pour cent des cas.

Le but de cette expérience était d'observer la réaction d'un sujet se trouvant dans un groupe dont tous les autres membres avaient reçu la consigne de choisir la mauvaise ligne. Sous la pression du groupe, les sujets minoritaires acceptèrent le mauvais choix de la majorité dans 36,8 % des cas. Même quand la longueur des lignes différait d'une quinzaine de centimètres, certains participants se rallièrent à la décision erronée de la majorité. Autrement dit, la Matrice avait pour eux plus de pouvoir que leur confiance en ce qu'ils voyaient de leurs propres yeux.

En voici un autre exemple, rapporté par le professeur John Wilson, en 1961. On fit voir à une tribu africaine un film sur l'hygiène publique. Après le visionnement, aucun des trente villageois ne put dire sur quoi portait le film. En fait, quand on leur demanda ce qu'ils avaient vu, certains répondirent qu'ils avaient vu un poulet, lequel était en fait apparu à peine une seconde dans le coin de l'écran, durant une séquence. Apparemment, le cinéma leur était si étranger qu'ils n'avaient absolument rien vu de ce qui s'était réellement déroulé sur l'écran. Ils n'avaient pas regardé l'ensemble des images, mais avaient plutôt cherché des détails, et c'est pourquoi ils avaient vu le poulet. Ils n'avaient pas encore appris à « voir » le tout.

Voilà exactement ce qui se produit quand nous sommes enfoncés dans la Matrice. Nous sommes entraînés à voir (ou à ne pas voir) certaines choses, et nous reproduisons sans cesse les mêmes schèmes sans les remettre en question. Nous ne voyons pas qu'il existe tout un monde au-delà du système de croyances de la Matrice. Par suite de nos fausses croyances et de notre peur de déroger aux idées reçues, nous mettons nos vies en attente. Nous finissons par nous définir à partir de ce que nous ne voulons pas faire. « Je ne veux pas faire d'erreur » ; « je ne veux pas perdre mon emploi », etc. Nous ne suivons plus notre cœur, mais plutôt les ordonnances de la Matrice. Pourtant, elle nous vole nos pouvoirs magiques et nous retient coincés en elle.

J'emploie le mot « coincés » parce que la Matrice est une sorte de toile qui nous empêtre et nous tient prisonniers dans ses systèmes de croyances. D'ailleurs, cette toile s'épaissit et se densifie de plus en plus avec chaque croyance adoptée. On peut imaginer la Matrice comme un champ d'énergie chaotique s'étendant à une vingtaine de mètres dans toutes les directions, soit au-dessus de nous, au-dessous et de tous les côtés. Il nous suit partout où nous allons. Nous sommes constamment à l'intérieur de ce champ de croyances, lequel renforce les normes de ce qui est bon ou mauvais, de notre comportement professionnel, de nos relations et du succès. Nous acceptons comme « vérité » plusieurs de ces croyances sans même les examiner. Bien que cette gigantesque toile limitative soit une illusion, nous la croyons réelle.

Une amie britannique m'a aidée à comprendre l'une des illusions de la Matrice qui prévalent aux États-Unis : la croyance que la qualité est fonction de la grosseur. Elle donnait un cours à Sandpoint, dans l'Idaho, où je vivais alors. Un matin, nous allâmes déjeuner ensemble et elle commanda des crêpes. Les portions servies en Grande-Bretagne sont plus petites que celles que l'on sert aux États-Unis, et l'Idaho est particulièrement réputé pour ses crêpes de format bûcheron, qui remplissent toute l'assiette et s'empilent bien haut. Quand mon amie reçut son assiette, elle me dit qu'il y en avait assez non seulement pour nourrir une armée entière, mais aussi pour lui servir de lit et de draps…

Son commentaire me fit penser à cette fameuse croyance que « la qualité est fonction de la grosseur », une illusion inhérente au rêve américain et qui affecte grandement notre vie. Nous donnons à tout une grosseur exagérée sans même nous interroger sur la nécessité de la chose ou sur ses conséquences. Nous disposons de plus d'espace, mais il en résulte que nous avons moins d'intimité et de vie communautaire. Nos autoroutes sont plus larges, mais les délais de la circulation augmentent, tout comme la mauvaise humeur des automobilistes. Nous avons davantage de commodités, mais moins de temps pour en profiter. Nous procurons à nos enfants de plus en plus d'activités et nous nous étonnons que nos relations avec eux soient parfois réduites à presque rien. Nous créons de plus grosses choses, mais elles ne sont pas nécessairement meilleures. Cette croyance que la qualité augmente avec la grosseur constitue un excellent exemple d'un système de croyances qui nous éloigne des véritables valeurs. Peut-on affirmer que cette croyance nous sert si elle nous prive de ce que nous désirons vraiment ?

Notre culture nous imprègne de cette programmation matricielle, mais il existe aussi une relation entre la Matrice et notre code génétique. Avec le temps, les croyances qui nous viennent de la Matrice et que nous avons acceptées sont tellement intégrées en nous qu'elles s'emmagasinent dans notre ADN. Ces programmes se transmettent ensuite aux générations suivantes par les gènes. J'ai dirigé plusieurs ateliers en Écosse et je trouve très amusant de voir les programmes transmis par l'héritage génétique des Écossais. Par exemple, j'ai découvert que l'héritage écossais comporte un gène du patriotisme, un gène de l'ambition et un gène de la loyauté. Par le passé, les membres des clans s'engageaient à demeurer loyaux, et aujourd'hui, des siècles plus tard, cet engagement est programmé dans l'ADN. La loyauté est toutefois une arme à deux tranchants. Elle peut nous aider, mais aussi nous nuire. Il se peut que nous demeurions loyaux seulement parce que nos gènes et notre structure de croyances nous y incitent, alors que nous avons besoin d'aller plus loin.

Comment pouvons-nous nous libérer des schèmes de la Matrice que nous avons adoptés ? Nous devons tout d'abord réaliser l'existence de la Matrice et nous rendre compte qu'il y a des systèmes de croyances auxquels nous adhérons si fortement que nous nous y soumettons à n'importe quel prix. Puis, si nous désirons accéder pleinement au plan parfait inscrit dans notre ADN, nous devons en éliminer les faux codes issus de la Matrice. La recherche nous indique que nos cellules et notre ADN possèdent un système de communication. Les faux schèmes de la Matrice sont essentiellement une énergie perturbatrice qui interfère avec cette communication. Nous ne pouvons accéder pleinement au potentiel du système de communication de notre ADN si notre mémoire cellulaire retient des programmes de la Matrice. Cependant, une fois les schèmes perturbateurs éliminés, le corps retourne naturellement à son plan originel de bien-être et d'abondance.

La matrice rompt l'équilibre entre le masculin et le féminin

Notre vision du rôle respectif de l'homme et de la femme est profondément influencée aussi par la Matrice. Nous avons, pour la plupart, une conception précise de la nature de la femme et de celle de l'homme, et nous considérons leurs rôles comme distincts parce que la Matrice nous dit qu'ils le sont. Elle nous empêche de comprendre que chacun de nous, mâle ou femelle, possède fondamentalement une essence masculine et une essence féminine. Malheureusement, nous grandissons sans comprendre le véritable rôle de l'essence masculine et de l'essence féminine, qui sont innées en chacun de nous et doivent collaborer.

Au chapitre 1, j'ai expliqué que le livre d'histoire de notre ADN est composé de 46 chapitres dont 22 contiennent notre essence masculine et notre essence féminine du côté maternel, et 22 autres, notre essence masculine et notre essence féminine du côté paternel. Ces énergies, comme dans une danse de création, se soutiennent et se nourrissent mutuellement. L'énergie féminine donne l'existence à la vie, accouche de nouvelles idées et alimente cette création. L'énergie masculine crée une structure ou une base pour que ces idées s'épanouissent. Elle protège et soutient, fournissant un lieu sûr à la mobilité et au mouvement de l'énergie féminine.

Les épisodes dont nous héritons par notre ADN et qui ne servent pas notre potentiel supérieur parce qu'ils sont liés à l'abandon, à la trahison, à la perte ou à la pénurie, trouvent leur origine dans un déséquilibre des énergies masculine et féminine, lequel déséquilibre est associé à un faux système de croyances soutenu par la Matrice. Souvent, au lieu de voir chez les membres de notre entourage un fragile équilibre entre le masculin et le féminin, nous y observons plutôt la suppression de l'une de ces énergies par son complément. Par exemple, les conflits et les guerres sont des situations où l'énergie masculine prédomine. C'est ce qui se passe quand l'ego de l'essence masculine (que ce soit chez l'homme ou chez la femme) entre dans un mode de pénurie et qu'il lutte pour conserver et augmenter son avoir, oubliant la créativité et l'abondance universelles qui font partie de l'essence féminine. La suppression de l'énergie féminine a pour conséquence de nous faire oublier qui nous sommes, de nous faire omettre d'écouter notre cœur et de nous faire suivre les règles de la conscience de groupe même si ce n'est pas bon pour nous.

La Matrice est particulièrement visible dans les sociétés occidentales modernes, où les femmes sont appelées à faire carrière auprès des hommes, loin du foyer. Ce n'est là qu'un exemple de l'idée fausse selon laquelle quelqu'un doit perdre pour que quelqu'un d'autre gagne. Et ce système de croyances ne peut manquer de créer un déséquilibre dans un milieu de travail. Lorsque notre côté féminin est sain, il sait que l'univers est abondance et qu'il peut nous alimenter tous. Toutefois, quand cette essence féminine est dominée par les croyances de la Matrice liées à la compétition, à la lutte, au conflit et au besoin de gagner, l'atmosphère de travail devient empreinte d'une farouche rivalité et non d'une collaboration amicale.

L'énergie masculine prédominante est protégée par ceux qui ont obtenu ce qu'ils désiraient et qui feront tout pour le conserver. Cette énergie est également soutenue par ceux qui ne possèdent pas grand-chose et qui ne veulent pas faire de vagues, de peur de voir empirer leur situation. Le problème de l'énergie masculine dominante n'est pas tant que celle-ci soit fortement structurée, mais qu'elle s'accroche fermement à sa structure. Nous nous attachons à l'idée que les structures sont nécessaires, et aux structures que nous créons. Et pourtant, pour créer l'abondance, l'énergie doit circuler. Ainsi, bien que la structure (l'énergie masculine) soit nécessaire, il faut parfois s'en détacher pour permettre l'entrée d'un flux nouveau (l'énergie féminine) dans notre vie. S'il nous est difficile de changer, ce pourrait bien être un signe que nous sommes attachés à la structure, donc que notre énergie masculine est dominante et que notre énergie féminine nécessite un renforcement.

D'un autre côté, il peut aussi arriver que notre énergie féminine domine trop. L'énergie féminine dominante crée des schèmes de surprotection (ou d'étouffement) qui nous empêchent de livrer nos talents et nos créations au monde extérieur. Elle l'emporte sur notre essence masculine, qui nous permet d'orienter notre vie. Quand il nous est difficile de nous engager dans quoi que ce soit ou de faire valoir nos besoins dans une relation, nous savons alors que notre énergie masculine a besoin d'être renforcée. Si nous étouffons les autres, nous les empêchons de croître et de devenir les individus uniques qu'ils doivent être. Nous contribuons ainsi à un manque d'émancipation qui empêche leur essence masculine d'assumer la responsabilité de relever les défis de l'existence.

Lorsque nos énergies masculine et féminine sont déséquilibrées, les épisodes inscrits dans notre ADN deviennent des histoires de douleur, de peur et de perte. Lorsque nous permettons à l'énergie masculine de servir plutôt que de dominer et à l'énergie féminine de nourrir plutôt que d'étouffer ou de résister à l'équilibre nécessaire de l'énergie masculine, notre vie s'écoule dans la grâce et l'aisance. En éliminant de notre ADN les programmes de la Matrice au moyen d'un travail intérieur intentionnel et des techniques de guérison génétique, nous pouvons rétablir l'équilibre entre l'essence masculine et l'essence féminine.

Les masques de la Matrice

Les rôles rigides qui nous sont impartis par la Matrice peuvent saboter nos relations. Selon les règles de la Matrice, nos relations sont basées sur les « masques » que nous portons. Nous en portons ainsi plusieurs : celui de l'homme d'affaires, de l'enseignant, de l'amant, de l'entrepreneur, du protecteur, du parent, de l'enfant, et ainsi de suite. Les problèmes surviennent quand nous nous mettons à croire que nous sommes le masque, puis que nous le défendons ainsi que le déséquilibre énergétique masculin/féminin qu'il sous-entend.

Si nous portons le masque du parent ou de l'enseignant et que nous sommes attachés à l'idée que les enfants ne doivent pas répliquer à leurs parents ni à leurs professeurs, nous défendrons toujours notre position rigide (prédominance mâle) et disciplinerons les enfants sans explorer les autres options ni examiner nos propres idées préconçues. Nous perdrons ainsi la liberté de dire ceci à nos enfants : « Je ne connais pas la réponse à cette question, mais je suis sûr que je peux la trouver. » Ou encore : « Il existe peut-être une meilleure façon de régler cette situation ; il y a peut-être quelque chose que je ne saisis pas bien. » Quand la structure de nos croyances devient inébranlable, nous perdons l'aptitude à passer librement de notre essence masculine à notre essence féminine, c'est-à-dire de la structure à l'ouverture. Nous nous isolons de l'énergie féminine, réceptive, qui nous porte à mieux comprendre nos enfants et nos relations.

Lorsque, à une certaine époque, mon mari et moi avons été appelés à évoluer, la Matrice nous a tendu un drôle de piège. Nous avons dû, pour relever le défi, renouveler entièrement notre vision de nous-mêmes et de notre couple. Nous nous étions mariés, Steve et moi, en convenant tacitement qu'il subviendrait à mes besoins tandis que je m'occuperais de lui et de notre famille, et cela, jusqu'à ce que la mort nous sépare. Cette entente a fonctionné parfaitement pendant la première moitié de notre vie commune, alors que j'étais dans la période maternelle de ma vie. J'adorais alors mon rôle d'épouse et de mère, et je m'évertuais à créer un environnement familial dominé par l'amour. Je veillais aux besoins de chacun, les soutenant tous dans la réalisation de leurs rêves. Cette entente m'était toute naturelle et je m'y plaisais.

Après vingt ans de mariage, quelque chose changea. Un jour où Steve, de retour du travail, me demanda ce qu'il y avait au menu ce soir-là, je lui répondis que je ne le savais pas et lui demandai ce qu'il préparerait. Ma réponse fut tellement incongrue par rapport au rôle que j'avais toujours joué jusque-là que j'eus presque l'impression que quelqu'un d'autre avait parlé à ma place. Je fus aussi choquée que Steve par mes propres paroles. Soudainement, je n'avais plus envie de m'occuper de tout le monde. J'avais mes propres préoccupations, mes propres ambitions, mes propres rêves à réaliser. Qu'était-il donc advenu de l'épouse et de la mère aimante et serviable que j'avais été jusqu'à ce jour ?

Selon la Matrice, ce comportement était mauvais. Si je ne reprenais pas mon rôle, je me verrais abandonnée et remplacée par une autre femme, plus jeune et plus attentionnée. La Matrice se sent menacée par le pouvoir des femmes fortes. Heureusement, Steve m'aimait suffisamment pour m'aider à comprendre ce qui se passait. Pour que notre relation puisse survivre, nous avons dû la recréer sur de nouvelles bases, non reconnues par la Matrice. Dans cette nouvelle relation, Steve allait s'occuper de moi tandis que j'évoluerais. Je passais de l'archétype de la « mère nourricière » à celui de la « mère sortant dans le monde ». Nous avons survécu ensemble à cette évolution, alors que je me concentrais sur l'apport de mes talents au monde extérieur par une carrière personnelle. Ce changement radical de notre relation ne fut pas facile à effectuer, mais nous avons réussi. Nous avons dépassé les croyances contraignantes de la Matrice.

Une fois installés dans cette nouvelle relation où je commençais enfin à réaliser mes propres rêves, nous avons dû encore une fois examiner les schèmes de croyances qui nous avaient été enseignés par la Matrice. Un matin, en entrant dans la cuisine, j'y trouvai Steve en train de faire des sandwichs au beurre d'arachide. Je lui demandai ce qu'il fabriquait et il me répondit qu'il aidait mon frère, récemment divorcé et devenu père célibataire, à s'occuper de ses cinq enfants. Il ajouta qu'il préparerait le lunch des enfants, les conduirait à l'école, les ramènerait chez eux en fin de journée et les aiderait à faire leurs devoirs. J'étais consternée. Cette fois, c'était moi qui perdais quelque chose. Si mon mari s'occupait ainsi de nos jeunes neveux, comment donc pourrait-il remplir ses obligations de principal pourvoyeur de notre famille, selon notre entente financière tacite ?

Steve passait maintenant de l'archétype du « père pourvoyeur » à celui du « père nourricier » et c'était à mon tour de remettre en question ma conception des relations telles qu'elles étaient définies par la Matrice. Selon cette dernière, il était évidemment incorrect pour un homme d'afficher et d'exprimer ses sentiments, ou de développer son côté féminin, émotionnel et nourricier. Il me fallait maintenant comprendre que Steve avait besoin d'explorer cette facette de lui-même. Notre relation subit donc un nouveau changement et, cette fois, les rôles étaient réellement inversés. Steve voulait expérimenter l'aspect nourricier de sa personnalité, tandis que je voulais expérimenter la réalisation de mes ambitions professionnelles. Nous convînmes de nous aider mutuellement dans cette entreprise. Ce fut là une importante guérison pour nous deux. Mon essence masculine s'équilibrait et l'essence féminine de Steve également.

Énergétiquement, la mère nourricière (ou féminine) doit évoluer pour devenir une femme sage, car l'énergie, quand elle s'avère saine, est fluide, en expansion, et change constamment de forme. Il est malsain de jouer uniquement le rôle de mère nourricière. Tout comme la mère nourricière doit se libérer du modèle traditionnel afin d'expérimenter davantage son essence masculine, le mâle pourvoyeur doit évoluer afin de faire participer son essence féminine. Ayant trouvé tous deux ce meilleur équilibre, nous nous aimâmes encore davantage. En dépassant les schèmes de croyances contraignants qui dictaient les rôles respectifs de l'homme et de la femme, nous avons pu évoluer jusqu'à une relation dans laquelle nous nous sentions tous deux appuyés et protégés. Nous œuvrons maintenant ensemble pour apporter au monde cette vision que nous partageons, selon laquelle nous avons tous le droit de nous guérir et de guérir ceux que nous aimons.

L'abandon des vieux rôles

Je fus appelée de nouveau à détruire un modèle issu de la Matrice lorsque la précieuse relation que j'entretenais avec mes filles fut mise en péril par mon rôle de mère. J'avais mes propres idées sur ce rôle et je m'efforçais d'agir en conséquence. Par exemple, je croyais que si je ne les surveillais pas, elles auraient des ennuis. J'avais créé des règles dont je pensais qu'elles pourraient les prémunir contre la drogue, les mauvaises fréquentations ou une grossesse indésirable. Cela se passa bien jusqu'à ce que ma plus vieille atteigne l'âge de 13 ans. Dès lors, plus je créais de règles, plus elle se rebellait. Alors qu'elle avait absolument besoin de se distinguer en tant qu'individu, j'essayais désespérément de l'amener à se conformer à mes conceptions. Je lui présentais ainsi deux options : devenir semblable à moi, ou se rebeller. Elle choisit la seconde.

Juste au moment où j'allais perdre tout espoir, je rencontrai un professeur qui parlait de l'importance des relations donnant un sens véritable et durable à notre vie. J'assistai à l'un de ses séminaires et, au cours d'une pause, lui confiai que mes relations allaient mal. Me regardant dans les yeux, il me dit : « Pourquoi n'abandonnez-vous pas ? » Je répondis : « Abandonner quoi ? » Il répliqua : « Le rôle que vous jouez. Vous jouez le rôle d'épouse et de mère que votre propre mère vous a appris et qu'elle-même avait appris de sa propre mère. Abandonnez-le. » Il me demanda ensuite si j'avais envisagé d'adopter une autre attitude, c'est-à-dire de laisser ma fille rebelle choisir elle-même ce qui était bon ou mauvais pour elle et en assumer la responsabilité par rapport à sa vie.

Je réalisai alors que ma fille ne pourrait entretenir une relation saine avec moi tant que je jouerais le rôle de la mère protectrice. Je devais abandonner le rôle de policière pour devenir la mère compréhensive et réconfortante. Steve et moi avons réalisé qu'il y avait là un risque, mais nous étions bien conscients aussi que notre relation avec notre fille se détériorait sérieusement. Nous avons donc fait le saut, même si nous avions très peur. À l'époque, nos deux filles étaient adolescentes. Nous nous sommes assis avec elles et les avons informées que nous les considérerions désormais comme des adultes. Nous leur avons dit qu'à partir de ce moment elles prendraient elles-mêmes les décisions importantes pour leur propre vie, qu'elles détermineraient elles-mêmes ce qu'elles désiraient créer dans leur univers. J'ajoutai que je me réservais cependant le droit d'être une mère protectrice au besoin afin de leur offrir mes conseils, et que je les préviendrais lorsque je jouerais ce rôle. Ce serait toutefois à elles d'évaluer mes conseils et, finalement, de choisir. Nous leur avons dit également qu'elles pourraient toujours compter sur notre appui, quels que soient leurs choix.

Cette nouvelle entente fut extrêmement délicate à gérer. Nos filles ne crurent pas vraiment que nous les laisserions prendre leurs propres décisions et elles nous mirent à l'épreuve. Un jour, l'aînée, alors en première année d'université, nous annonça qu'elle irait en voiture à Los Angeles avec quatre garçons plus âgés qu'elle afin d'assister à une fête d'étudiants. Je décidai à ce moment d'exercer le droit que je m'étais réservé lors de notre conversation sur leur passage à l'âge adulte. Je ne leur avais demandé qu'une chose : qu'elles me laissent exprimer toutes mes craintes et écoutent mes conseils. J'avouai à ma grande universitaire à quel point cette fête d'étudiants à laquelle elle désirait assister me faisait peur, parce qu'elle se trouverait dans un environnement où elle ne pourrait peut-être pas se protéger adéquatement. Elle m'écouta attentivement, puis déclara sur un ton déterminé : « Je vais y aller de toute façon. » Nous nous sommes demandé, Steve et moi, si nous avions eu raison de prendre cette décision. Puis, deux jours plus tard, notre fille m'apprit qu'elle avait changé d'idée, qu'elle ne voulait plus y aller.

La cadette, qui venait d'entrer au secondaire, décida elle aussi d'exercer sa nouvelle liberté. Elle nous déclara : « Je ne vais plus à l'école. » Ses notes étaient sous la moyenne, et elle trouvait l'école insupportable. Nous avons respecté son choix et elle est restée à la maison pendant plusieurs semaines. (Steve était certain que nous nous retrouverions avec une illettrée sur les bras.) L'ennui finit toutefois par prévaloir et notre fille décida de retourner à l'école. Comme elle prenait maintenant toutes ses décisions elle-même et qu'elle était responsable de sa vie, il lui incombait de trouver un tuteur qui l'aiderait à se rattraper dans les matières au programme. Elle se mit au travail et ses professeurs furent épatés par sa performance.

Alors que Steve et moi abandonnions le rôle traditionnel de parents, renonçant à notre besoin de contrôler nos filles et, en même temps, leur faisant savoir clairement quel rôle nous jouerions désormais auprès d'elles, nous nous aperçûmes que notre crainte des conséquences négatives n'était pas fondée. Jamais nos enfants ne firent des choix qui leur auraient nui ou qui auraient placé d'autres personnes ainsi qu'elles-mêmes dans une mauvaise situation. Mettant à profit leur nouvelle autonomie, elles prirent des décisions vraiment sages et qui nous étonnèrent. En fait, elles furent beaucoup plus sévères envers elles-mêmes que nous ne l'aurions été.

Le plus beau de tout ce rite de passage à l'âge adulte, c'est que nos filles ne se sentirent plus jugées dans leurs actions et que la confiance augmenta entre nous. Elles se mirent à nous demander conseil avec empressement. L'illusion de la Matrice et le rôle de mère protectrice dans lequel je m'étais enfermée m'avaient presque fait perdre mes filles. Le jour où j'ai décidé de m'évader de la Matrice, nous sommes devenues de grandes amies, et nous le sommes encore.

Trouver une motivation

Notre vie peut changer énormément sous plusieurs aspects quand nous prenons conscience de nos croyances contraignantes et que nous nous en débarrassons. L'une de mes clientes, du nom de Shelley, a découvert le but de sa vie en remontant à la source de ses schèmes de croyances grâce aux techniques utilisées dans mon travail. Elle avait l'impression de ne pas savoir qui elle était. Deuxième enfant d'une famille très dogmatique, elle ne s'était jamais sentie assez forte pour faire valoir ses opinions personnelles. Elle idolâtrait sa sœur aînée et faisait tout pour lui plaire. Elle obéissait ainsi à la croyance de la Matrice qui voulait que, pour survivre, elle devait plaire aux autres avant de se faire plaisir à elle-même. Ce schème s'immisça donc dans sa vie.

Après le secondaire, Shelley quitta le domicile familial pour entrer à l'université. Même si elle ne vivait plus dans sa famille, elle reproduisit exactement les mêmes schèmes. Elle essayait constamment de se conformer à l'image de l'étudiante correspondant aux normes universitaires et aux idées de ses parents. Elle assistait assidûment à ses cours, étudiait beaucoup afin d'avoir d'excellentes notes et s'efforçait de plaire à ses professeurs. Elle obéissait ainsi à sa famille, qui désirait la voir suivre le chemin de la médecine conventionnelle.

Et pourtant, elle sentait qu'il lui manquait quelque chose, sans savoir réellement ce qu'elle voulait. Elle avait l'impression d'errer sans but dans un labyrinthe. Et elle avait peur d'en parler à quiconque, craignant d'être rejetée par les autres si elle leur déplaisait. Elle réprimait donc ainsi ses sentiments réels.

Lorsque Shelley s'engagea dans le processus de chercher les histoires contenues dans son ADN, elle découvrit celle d'une ancêtre qui avait vécu dans un milieu où ses pensées et ses sentiments n'étaient pas appréciés. Le jour où cette ancêtre avait finalement osé exprimer ses désirs, sa famille l'avait rejetée. Ce vieux souvenir de rejet avait été réveillé chez Shelley, qui était née dans une famille aux opinions très arrêtées. Comme son ancêtre, elle sentait qu'on la rejetterait si elle exprimait ses propres désirs et osait ne pas se conformer à ceux de sa famille. Ce schème consistant à plaire aux autres pour survivre était une croyance de la Matrice qui lui avait été inculquée par son éducation, mais aussi transmise génétiquement.

Une fois ce schème extirpé de son ADN, Shelley cessa d'avoir peur d'exprimer ses véritables désirs. Elle décida de ne pas suivre le chemin de la médecine conventionnelle, mais d'étudier plutôt les médecines parallèles. Puis, elle changea d'institution afin d'épouser une discipline correspondant davantage à sa vocation réelle. Aujourd'hui, elle est devenue une guérisseuse en médecine douce et sa famille ne l'a pas rejetée. Au contraire, ses parents sont très fiers d'elle.

L'abandon de nos vieilles croyances est un processus qui ne s'accomplit pas instantanément. Il m'arrive encore d'affronter de vieux schèmes qui doivent disparaître. Par exemple, j'ai découvert qu'une croyance de la Matrice m'empêchait de réussir un séminaire dans une ville où j'avais déjà vécu. Plusieurs années auparavant, mon mari et moi vivions à Santa Cruz, en Californie, où nous avions créé l'un des tout premiers vidéoclubs des États-Unis, pour en établir ensuite toute une chaîne aux environs de la baie de Monterey. Lors du séisme de 1989, nous avons tout perdu en l'espace de 17 secondes. Nous avons tenté de reconstruire, mais l'économie allait mal et nous n'avons pas réussi. Ce fut toutefois là une bénédiction, car c'est ainsi que j'en suis venue à faire mon travail actuel, que j'adore.

Plus tard, quand nous sommes retournés à Santa Cruz pour y donner un séminaire, il se passa une chose étrange. Il nous arrive souvent de donner une conférence et une démonstration gratuites avant nos séminaires afin d'informer les gens sur la nature de notre travail, et l'assistance y est toujours nombreuse. Cette fois-là, cependant, il ne vint personne à notre première conférence et quelques individus seulement se présentèrent pour la deuxième, dont une femme qui passa sa tête par l'embrasure de la porte pendant quelques secondes puis disparut aussitôt. Après la conférence, je dis à l'une de nos filles que la ville de Santa Cruz n'était peut-être pas prête à recevoir notre enseignement.

Ma fille avait cependant une tout autre opinion. Elle me dit ceci : « Maman, peut-être que c'est toi qui n'es pas prête à enseigner à Santa Cruz. » Elle me suggéra alors d'employer ma propre technique pour extirper de moi tout blocage pouvant m'empêcher de réussir nos séminaires dans cette ville. Suivant son conseil, je découvris avec stupéfaction que mon mari et moi étions accrochés à la croyance que nous perdrions tout si nous faisions encore des affaires dans cette ville. Nous avons donc immédiatement utilisé nos techniques d'autoguérison de l'ADN afin d'évacuer cette croyance. Dix minutes plus tard, le téléphone sonnait. Et qui était au bout du fil ? Cette femme dont nous avions aperçu brièvement la tête dans l'embrasure de la porte lors de notre deuxième conférence gratuite. Elle me dit avoir beaucoup aimé ce que nous disions, mais qu'elle avait malheureusement dû partir. Comme elle était animatrice d'un talk-show radiophonique, elle me demanda si nous aimerions en être les invités le lendemain matin.

Ce fut un immense plaisir de participer à ce talk-show. Nous avions programmé une dernière conférence pour le soir même, et, à notre arrivée sur les lieux, il y avait devant la porte une file de gens qui s'étendait jusqu'au bout de la rue. Ce soir-là, nous avons donné notre séminaire devant une salle comble, grâce à notre abandon d'une vieille croyance.

Comment la Matrice affecte notre code de Dieu

La Matrice, cette force qui tente de nous convaincre de ce qui est bon ou mauvais, et qui prétend définir ce que nous sommes ou ne sommes pas, influe profondément aussi sur notre accès aux schèmes spirituels encodés dans notre gène de Dieu. Au chapitre 1, j'ai expliqué que le livre d'histoire de notre ADN comporte deux chapitres représentant le code qui nous relie à Dieu ou à la force vitale universelle. Notre code de Dieu contient des programmes de clarté et de vérité, et surtout le programme de la cocréation.

La cocréation est la connaissance et le pouvoir de manifester le monde tel que nous le rêvons. Elle constitue le programme clé auquel nous désirons accéder et que nous voulons réveiller à l'intérieur de notre code de Dieu. Tant que ce programme n'est pas réveillé, nous cherchons à l'extérieur de nous notre source de création au lieu de reconnaître notre pouvoir de cocréer avec Dieu. Notre vision du monde est aussi marquée par la séparation et l'illusion. Dans certains cas, les gens peuvent être tellement déconnectés des autres et du monde spirituel qu'ils perpétuent les guerres et les atrocités.

La Matrice tente de nous empêcher d'utiliser le pouvoir de cocréation inscrit dans notre gène de Dieu. Elle nous enseigne que nous sommes des victimes et qu'il est tout à fait correct de blâmer les autres quand nous avons des problèmes. On nous apprend à croire que nous sommes victimes de tout, des microbes à l'arthrite et du mal de dos à la malchance. On nous dit qu'il faut passer par quelqu'un d'autre pour accéder à Dieu. Nous fonctionnons à partir de la croyance bien établie que nous n'avons pas le droit ni la capacité de concevoir et d'orienter notre propre vie. On nous inculque l'idée que nous devons chercher des réponses à l'extérieur de nous-mêmes, alors qu'elles se trouvent à l'intérieur. En somme, nous avons oublié comment être les maîtres programmeurs de notre propre vie.

Au lieu de nous apprendre à compter sur notre connaissance intuitive, la Matrice nous dit de nous fier uniquement aux faits. Lorsque nous nous convainquons que les « faits » démontrent que nous n'avons pas assez d'argent, d'aptitudes, ou de contacts pour réaliser nos rêves, nous désactivons les programmes positifs de notre gène de Dieu. En outre, nous perdons accès aux programmes positifs contenus dans nos autres gènes, car le gène de Dieu est le maître programmeur de ce que j'appelle l'équipe génétique.

Les programmes auxquels vous accédez ou non dans le gène de Dieu influencent tous les autres gènes. Par exemple, si le programme qui est activé dans notre gène de Dieu en est un de séparation, nous nous considérons chacun comme une personne séparée des autres et du monde qui l'entoure. Ce sentiment de séparation active alors un programme de pénurie à l'intérieur du gène qui contrôle nos croyances sur l'abondance. Et une fois ce programme de pénurie activé, nous faisons l'expérience de la pénurie dans tous les secteurs de notre vie : nous manquons de temps, d'argent, de nourriture et d'amour. Quand nous pouvons accéder au plan parfait du code de Dieu et à ses programmes de connexion à tout l'univers, la situation change. Notre vision du monde est alors empreinte de vérité et nos pouvoirs de cocréation s'épanouissent.

Tout programme qui dit que nous sommes séparés les uns des autres, ou que ce qui survient à un individu n'affecte pas l'humanité entière, crée en fait un défaut dans notre gène de Dieu. Tout programme qui dit que quelque chose ne va pas en nous, ou que nous ne méritons pas d'avoir ce que nous aimons, crée aussi un défaut dans notre gène de Dieu.

Les étapes de la guérison de l'ADN

Nous avons tous fait l'expérience des effets paralysants de la Matrice, que ce soit dans notre carrière ou dans nos relations, sur le plan de nos finances ou de notre santé. Nous avons tous accepté de la Matrice des schèmes qui nous ont empêchés d'accéder pleinement à notre gène de Dieu. Ce qui est merveilleux avec l'ADN, c'est que nous pouvons le modifier. Nous pouvons y enlever les défectuosités. À l'instar des personnes dont j'ai parlé jusqu'ici dans ce livre, vous pouvez identifier les systèmes de croyances que vous avez adoptés et qui vous font reproduire constamment les mêmes schèmes comportementaux. Vous pouvez apprendre à éliminer les épisodes nuisibles inscrits dans votre ADN et à en ajouter de nouveaux qui amélioreront votre existence. Nous avons réellement le contrôle de notre vie et nous devons commencer par nous poser la question suivante : « Vais-je continuer de laisser la Matrice régir ma vie, ou vais-je créer consciemment la vie que je désire ? »

Le processus fondamental d'autoguérison de l'ADN comprend cinq étapes de base permettant d'accéder à votre histoire intérieure et de la modifier.

Première étape : Découvrez le thème de votre histoire – Comment découvrir ce thème général, ce schème perturbateur qui a créé la douleur, la perte, les épreuves et vous a empêché de vivre l'existence désirée. Le thème de notre histoire provient des systèmes de croyances de la Matrice que nous avons adoptés ainsi que des stratégies, des rôles et des archétypes que nous avons choisis pour réaliser cette histoire. Les croyances de la Matrice que nous adoptons activent la source originelle des schèmes d'interférence contenus dans notre ADN, soit les schèmes hérités de nos ancêtres.

Deuxième étape : Découvrez votre histoire ancestrale – Comment découvrir la source originelle du schème perturbateur ainsi que la stratégie et le programme adoptés par vos ancêtres. Dans cette deuxième étape, nous apprenons à identifier les épisodes qui nous ont été transmis génétiquement par notre lignage ; la stratégie ainsi que les programmes adoptés par nos ancêtres et qui ont contribué à créer l'épisode ; les sentiments que ces schèmes ancestraux ont fixés en nous.

Troisième étape : Découvrez comment ces épisodes se déroulent – Comment les thèmes et les schèmes ancestraux se sont reproduits dans votre vie. Cette troisième étape nous permet de prendre conscience de la façon dont le thème général de notre histoire (une combinaison des schèmes ancestraux et de ceux de la Matrice) s'est reproduit dans notre vie et nous affecte aujourd'hui.

Quatrième étape : Créez un changement d'attitude et une neutralisation – Comment neutraliser les émotions et les sentiments qui ont créé les schèmes perturbateurs. Au cours de cette étape, nous allons profondément au cœur de l'être et ramenons à l'état neutre l'énergie emprisonnée dans les vieux schèmes, afin de pouvoir créer un nouvel épisode par la manifestation, qui constitue la cinquième étape.

Cinquième étape : Créez votre nouvelle histoire – Comment manifester votre nouvelle histoire par le pouvoir de l'intention, de l'imagination et de la concentration. À cette étape, nous apprenons à accorder notre esprit, notre cœur et nos pensées avec notre puissante énergie de création afin de faire apparaître dans notre vie ce que nous désirons.

Vous avez maintenant un aperçu des concepts fondamentaux. Dans les prochains chapitres, nous verrons comment les nombres et les archétypes peuvent nous aider à identifier rapidement nos schèmes profondément ancrés, comment le cœur joue un rôle clé dans la neutralisation et la guérison, et comment nous pouvons utiliser l'intention et l'imagination pour créer les nouveaux schèmes que nous désirons voir se manifester dans notre vie.

Deuxième partie

Le langage de la guérison

4

Le langage des nombres et des archétypes

Plusieurs des schèmes qui règlent notre vie sont enfouis au plus profond de notre subconscient et proviennent des systèmes de croyances de nos ancêtres. Le seul mot « subconscient » peut faire peur un peu, mais ce qu'il désigne n'a rien de bien mystérieux en soi. Je le définis tout simplement comme les pensées et les émotions que nous ne pouvons percevoir, mais qui roulent sans cesse en nous comme des bandes magnétiques, orientant notre perception et notre interprétation des événements que nous vivons, ainsi que nos réactions. Ces bandes sont contrôlées par le système de l'ADN. Nous avons tous en nous de ces bandes subconscientes qui roulent constamment, mais il n'est pas nécessaire qu'elles soient en mode automatique. Nous pouvons en créer de nouvelles et, par le fait même, recréer notre vie.

Pour changer le contenu de ces bandes, il nous faut d'abord amener dans notre esprit conscient ce qui se trouve dans notre subconscient. Pourquoi est-ce si important ? Plusieurs séminaires, plusieurs programmes et plusieurs livres ont pour but de nous enseigner à atteindre la source de nos problèmes. On y explique que si nous réussissons à visualiser assez intensément ce que nous désirons, nous l'obtiendrons. Parfois cela fonctionne, mais souvent cela échoue, parce que notre ADN contient à notre insu un programme qui empêche notre vision de se manifester. En fait, il émet le message contraire. Dans ces conditions, aucune technique d'aide personnelle, fût-elle la plus incroyable, ne peut avoir un résultat permanent si des schèmes bien établis sont programmés pour persister.

Pendant des années, j'ai travaillé à identifier le genre de pensées, de croyances et de souvenirs qui contribuent à nous rendre malades et nous empêchent d'être ce que nous voulons et de faire ce que nous désirons vraiment. Je me suis rendu compte que l'histoire de notre vie est une combinaison de plusieurs éléments : les systèmes de croyances inculqués par nos parents et éducateurs, les règles et les idées présentées comme vraies par la société (la programmation de la Matrice), et les histoires de nos ancêtres enchâssées dans notre ADN. Tous les rôles et toutes les stratégies que nous avons adoptés ainsi que tous les schèmes émotionnels qui se reproduisent constamment dans notre vie sont issus de ces schèmes inconscients.

Je savais également qu'il n'est pas facile d'identifier ces schèmes par nous-mêmes. Il faut parfois des années de psychanalyse pour y arriver. Même dans ce cas, c'est par notre esprit conscient que nous nous efforçons de les découvrir. Nous pouvons parler des événements personnels dont nous nous souvenons, mais nous n'avons pas accès aux histoires ancestrales dont nous n'avons pas conscience. C'est pourtant quand nous retournons à ces histoires qu'une véritable transformation se produit. Pour guérir, il est essentiel de trouver la source des schèmes génétiques et de l'éradiquer d'une façon permanente. Ni notre comportement ni notre vie ne changeront tant que nous n'aurons pas modifié notre programme intérieur.

Mais comment identifier quelque chose qui est si profondément enfoui à l'intérieur de nous que nous en ignorons même l'existence ? C'était bien là la difficulté. Je savais que l'identification de schèmes cachés nécessitait une carte qui me conduirait directement aux émotions, aux pensées et aux systèmes de croyances contraignants. J'ai trouvé la première pièce du puzzle en explorant les schèmes archétypaux associés à la théorie chinoise des cinq éléments et au système indien des chakras.

Un archétype est le modèle original sur lequel d'autres choses sont conçues. Carl Jung a élargi le sens de ce mot en l'appliquant aux schèmes de pensée et de comportement ainsi qu'aux images qui sont culturellement universels. Il croyait que ces formes ou ces images de nature collective existaient dans l'inconscient collectif de l'humanité et que nous les héritions de nos ancêtres. Les archétypes sont donc des schèmes à la fois anciens et universels. Ils ont leur origine dans l'histoire humaine et, comme nous le savons, l'histoire a tendance à se répéter.

Au cours de mon présent travail d'autoguérison de l'ADN, j'ai identifié cinq archétypes clés fondés sur la sagesse ancienne de la théorie des cinq éléments : le Philosophe, le Pionnier, le Sorcier, le Juge et l'Alchimiste. En effet, ces archétypes sont des schèmes énergétiques qui influencent notre vision du monde environnant ainsi que nos réactions à ce monde. Tout comme les événements et les émotions dont nous faisons l'expérience affectent notre ADN, ils affectent également l'expression des archétypes qui sont en nous. À un moment donné, tous les archétypes sont actifs en nous, mais un seul ou plusieurs peuvent prédominer à certaines périodes de notre vie.

J'ai découvert que si certains archétypes s'avèrent présents chez une personne, cela signifie qu'ils révèlent des parties de l'histoire cachée dans son ADN. Autrement dit, les archétypes dérivés des cinq éléments nous fournissent un langage symbolique pour interpréter les épisodes inscrits dans notre code génétique. Ils constituent des parties clés de la carte qui nous conduit à notre programmation intérieure.

Au début, j'ai incorporé la kinésiologie (ou évaluation des muscles) pour identifier les archétypes convenant à chaque personne. La kinésiologie est une science qui nous fournit de vraies ou de fausses réponses alors que nous résistons à la pression appliquée à nos muscles (habituellement ceux des bras). Si nos muscles sont forts au moment où la pression est appliquée, l'objet du test est bon pour nous. Si nos muscles sont faibles, il est faux ou mauvais. Ce système comporte toutefois des inconvénients. J'ai découvert que si nous manquons de précision en effectuant le test ou si nous ne sommes pas confiants d'obtenir des réponses exactes, les résultats sont incorrects.

Je souhaitais vivement trouver un moyen plus rapide et plus efficace de lire la carte des pensées, des émotions et des systèmes de croyances qui opèrent en nous. Soudain, je reçus l'inspiration d'un moyen simple mais profond de lire et de décoder la programmation et les épisodes inconscients encodés dans notre ADN : par les nombres. Je découvris que, quelle que soit la profondeur d'enfouissement des diverses parties de notre histoire intérieure, nous pouvions accéder rapidement au scénario en choisissant les nombres assignés aux archétypes. Ce système est basé sur les principes de la guérison énergétique ou vibratoire.

Une carte vibratoire

À toutes nos croyances et émotions sont associés des schèmes vibratoires. Quand des nombres sont assignés à une diversité de pensées, d'émotions et de systèmes de croyances humains archétypaux, chaque nombre ainsi assigné adopte, en vertu de la loi des vibrations, la vibration du mot, ou de la phrase, qui lui est associé. Les nombres représentent l'équivalent géométrique des schèmes de croyances au niveau vibratoire. Dans les processus d'autoguérison que j'ai développés, on choisit une série de nombres en réponse à une série de questions. Parce que nous sommes tous des êtres énergétiques et vibratoires, et parce que les semblables s'attirent, les nombres que nous choisissons correspondent inévitablement aux schèmes d'énergie vibratoire émis par notre ADN. Ainsi, les nombres nous mènent directement au principal système de croyances qui est à l'œuvre en nous.

Notre corps et ses systèmes de croyances cachés fonctionnent comme un diapason. Si on frappe l'une des deux fourches d'un diapason pour la faire vibrer, l'autre se mettra à vibrer également. De la même façon, s'il y a une émotion de chagrin dans vos cellules et que je vous demande de me donner un nombre pour désigner une émotion, un thème ou un système de croyances particulier, vous choisirez automatiquement le nombre qui convient à votre émotion et à sa vibration correspondante à l'intérieur de votre système cellulaire. Peut-être l'entendrez-vous ou le verrez-vous intérieurement, ou encore, comme certaines personnes, le prononcerez-vous spontanément avant même de vous en rendre compte. Il est impossible que vous choisissiez le mauvais nombre, car c'est votre corps qui s'exprime ainsi. C'est l'ADN de vos cellules qui communique, et le nombre associé à l'affirmation ou à l'archétype correspondant à votre schème intérieur émerge alors sur le plan conscient.

Essentiellement, vous pouvez recomposer votre propre histoire en recourant aux nombres et aux archétypes en guise de carte. Employé correctement, ce système de nombres correspondant aux archétypes va plus loin que la kinésiologie. Celle-ci est limitée par les inconvénients cités plus haut, et aussi par la lenteur du processus, qui fait qu'on ne peut l'exercer par téléphone. Le système numérique de cartographie est rapide, efficace et simple à utiliser. Il faut parfois une seule séance pour découvrir la vibration à l'origine de la perturbation et l'éliminer énergétiquement de l'ADN. Mais parfois aussi il faut chercher un peu plus longtemps avant de trouver le schème et de l'éliminer. L'avantage de ce système, c'est que l'on n'a pas besoin d'un diplôme scientifique pour y exceller. Les professionnels de la guérison, tels les chiropraticiens, les acupuncteurs et les infirmières, ajoutent cette technique à leur méthode de travail habituelle, mais les mères qui désirent guérir leurs enfants ainsi qu'elles-mêmes peuvent s'en servir également.

Par exemple, une femme qui assistait à l'un de mes ateliers l'utilisa pour aider sa fille, une ingénieur environnementale qui avait de la difficulté à trouver un emploi parce que le gouvernement n'engageait pas suffisamment de fonds dans ce domaine. Quand elle rentra chez elle ce soir-là, après l'atelier, elle se mit aussitôt à l'œuvre en mettant à profit le processus numérique de cartographie. Sa fille choisit un groupe de nombres en réponse à une série de questions. Ces nombres, qui étaient en corrélation avec des archétypes précis, révélèrent le système de croyances caché qui empêchait sa fille d'obtenir l'emploi désiré. La mère et la fille effectuèrent ensuite le reste du processus pour éliminer énergétiquement ce blocage. Le lendemain même, la fille apprit que le gouvernement affectait des fonds et qu'elle serait engagée.

Lors d'un autre atelier, un homme qui était en train d'effectuer deux grosses transactions immobilières apprit à utiliser le processus. Par le passé, chaque fois qu'il était sur le point de conclure de telles transactions, il se présentait toujours quelque chose qui faisait échouer l'affaire. Cet homme avait l'impression de se saboter lui-même, mais il n'avait pas la moindre idée du pourquoi ni du comment. En recourant au processus numérique de cartographie, il identifia ce qui faisait obstacle à son succès et l'élimina. Après l'atelier, il nous téléphona pour nous apprendre avec enthousiasme que ses deux transactions avaient réussi sans le moindre accroc.

L'identification des schèmes de croyances sous-jacents aux perturbations qui se produisent dans votre vie les fait passer du subconscient au conscient. C'est là la première étape de la transformation et de la guérison. Elle permet de se détacher de ces schèmes et de considérer plus objectivement les événements et les problèmes qui surviennent dans votre existence. Avec ce système numérique de cartographie, vous pouvez identifier le thème clé qui traverse votre vie (une combinaison des stratégies, des rôles et des archétypes qui vous animent), les systèmes de croyances de la Matrice que vous avez adoptés, ainsi que les épisodes ancestraux qui vous ont été transmis par vos gènes. Vous pouvez apprendre quand exactement un schème est entré dans votre lignage familial, quelle était la croyance originelle, et quelle émotion ou quel événement de votre vie a déclenché et activé ce schème en vous.

Trouver les épisodes saboteurs

L'une des guérisons les plus spectaculaires dont j'ai été témoin en utilisant les nombres et les archétypes pour identifier, neutraliser et éliminer un schème eut lieu chez une amie qui joue maintenant un rôle clé dans mon programme d'enseignement. On lui avait diagnostiqué une sclérodermie, une maladie auto-immune rare qui crée une augmentation excessive du collagène dans l'épiderme, provoquant de l'enflure, de la raideur et une intense douleur. La maladie avait atteint ses organes internes et mettait sa vie en péril. « Mes poumons ne travaillaient plus qu'à la moitié de leur capacité, dit-elle. J'étais essoufflée rien qu'à traverser ma maison. J'avais du fluide sur le cœur. Le fonctionnement de mon foie et de mes reins était affecté. Mon œsophage en souffrait également et j'avais de la difficulté à avaler. Je perdais mes cheveux par touffes. »

En outre, son corps était si raide qu'elle marchait en traînant les pieds et ne pouvait s'occuper d'elle-même. « J'étais même incapable de m'habiller seule, de me faire la cuisine, de conduire ma voiture, de me relever quand je tombais, et j'avais besoin d'une quinzaine d'heures de sommeil par jour. »

Le spécialiste qui avait diagnostiqué sa maladie lui avait dit qu'on n'y connaissait aucun remède. « Cette maladie prend de deux à quatre ans pour s'aggraver au maximum. Vous n'aurez probablement plus jamais une vie normale », lui avait-il déclaré. Elle dit : « Je venais de recevoir ma sentence de mort. Pourtant, j'étais étrangement calme intérieurement, j'avais l'esprit parfaitement en paix. »

Lorsqu'elle me téléphona pour m'annoncer son diagnostic, nous nous sommes mises au travail aussitôt afin de trouver la source de cette maladie ainsi que le facteur déclencheur. En effectuant le processus numérique de cartographie et en suivant ensuite la piste des nombres qu'elle avait choisis, nous découvrîmes que, par suite d'une enfance où régnait la violence, elle avait adopté la croyance qu'elle ne pourrait jamais obtenir ce qu'elle désirait vraiment. Nous apprîmes que ce schème était apparu sept générations auparavant, lors de la Grande Famine en Irlande. À l'époque, ses ancêtres ne pouvaient pas obtenir ce qu'ils désiraient vraiment. Aujourd'hui toutefois, elle avait ce qu'elle voulait. Elle était une excellente enseignante et elle aimait son travail. Sa relation de couple était idéale. Son mari était en train de construire la maison de leurs rêves. La vibration d'un univers heureux était cependant étrangère à son corps. Cela ne correspondait pas à sa croyance ancestrale, selon laquelle elle ne pouvait obtenir ce qu'elle désirait. En conséquence, son corps développa une maladie afin de créer un univers ressemblant davantage à celui auquel elle était habituée, un monde correspondant à son système de croyances.

Dès que nous eûmes découvert l'émotion et le système de croyances qui avaient créé un schème énergétique perturbateur dans son ADN et déclenché cette maladie, nous avons neutralisé cette émotion et éliminé de son ADN ce système de croyances nuisible. Instantanément, son corps commença à se guérir. Les médecins n'en croyaient pas leurs yeux. Ils n'avaient jamais vu cette maladie régresser. Lorsque, plus tard, elle alla passer un examen pulmonaire pour évaluer ses capacités respiratoires, l'infirmière crut qu'elle avait en main le mauvais dossier car il était impossible qu'une telle rémission ait eu lieu. Mon amie était entièrement guérie. Aujourd'hui, son corps ne porte plus aucune trace de sclérodermie. Et, surtout, elle vit enfin dans un univers où elle peut profiter de son existence comblée tout en jouissant d'un corps en santé.

Avec le recul, mon amie dit ceci de cette intense initiation qu'elle a vécue : « En réalité, ma maladie était porteuse d'un magnifique cadeau. Cette expérience m'a fait croître énormément, bien davantage que si elle n'était jamais survenue. J'ai appris à quel point il est essentiel de régler les problèmes dès qu'ils surviennent. Pour guérir, il m'a fallu quelques mois de travail intense sur moi-même. J'ai dû me faire violence pour plonger dans les sombres profondeurs de mon subconscient afin d'y débusquer les peurs secrètes et la souffrance irrésolue qui avaient échappé pendant si longtemps à mon esprit conscient.

« Dès que ces schèmes furent clairement révélés à ma conscience, les techniques de guérison énergétique me fournirent le moyen de guérir mes peurs et mes croyances irrésolues. Chaque fois que je les utilisais, je remarquais une diminution de la gravité de mes symptômes physiques. Chaque fois que je réglais un problème ou que j'éliminais une croyance, je me sentais plus légère, plus libre et plus forte. » En plus de recourir aux techniques d'autoguérison de l'ADN, elle entretenait une ferme intention de vivre dans un corps sain et faisait constamment appel à son imagination, s'en servant comme d'un outil pour se visualiser en parfaite santé (nous reviendrons sur le sujet au chapitre 6). « Cette ferme intention de guérir m'a soutenue dans les moments les plus difficiles et m'a aidée à rester focalisée sur ce que je désirais, au lieu de succomber à l'impuissance de la peur et du désespoir », dit-elle.

Les éléments, leurs archétypes et le cercle de la vie

La tradition chinoise des cinq éléments, vieille de cinq mille ans, est très complexe et je n'en incorpore donc qu'une petite partie à mon travail pour m'aider à identifier l'élément non équilibré, le ou les organes spécifiques qui ont une faible vibration, l'émotion impliquée, et le principal archétype qui est actif dans la vie du sujet.

Cette théorie des cinq éléments est fondée sur la compréhension que toutes choses sont interconnectées et constituent une forme de vibration. Les anciens Chinois divisaient l'énergie de ces formes de vibration en cinq éléments : le métal, l'eau, le bois, le feu et la terre. Ils ont disposé ceux-ci en un cercle appelé « cycle des naissances », où l'on progresse dans le sens des aiguilles d'une montre, chaque élément donnant naissance au suivant. Ainsi, l'eau donne naissance au bois, le bois donne naissance au feu, le feu donne naissance à la terre, la terre donne naissance au métal, et le métal donne naissance à l'eau. Ce cercle symbolise la continuité de la vie. Tout être vivant passe par ces cinq étapes. Le cycle des naissances intègre aussi les émotions humaines aux rythmes naturels du corps physique, et il sert de carte de route pour suivre les étapes de la croissance et du déclin inhérentes à tous les processus de la vie.

Comme je l'ai mentionné plus haut, j'ai identifié les archétypes qui correspondent aux éléments afin que nous puissions mieux comprendre nos problèmes sous-jacents. Quand les cinq éléments et leurs archétypes s'allient harmonieusement en nous, nous en observons l'expression saine et équilibrée. L'inverse est également vrai : nous pouvons observer dans notre vie une expression déséquilibrée des éléments et de leurs archétypes. Dans ce cas, il nous est possible d'apprendre deux choses. Premièrement, l'expression déséquilibrée d'un archétype indique ce que nous devons ajuster en nous pour équilibrer notre vie ; deuxièmement, elle nous révèle le besoin de neutraliser certains épisodes enfouis dans notre ADN. En découvrant les schèmes archétypaux qui ont gouverné votre vie jusqu'ici, vous en viendrez à comprendre pourquoi vous en reproduisez certains et comment vous êtes à même d'en créer de plus sains. Considérez les archétypes comme des guides vous révélant votre passé et vous aidant à créer le potentiel de votre avenir.

Les sages qui ont utilisé la théorie des cinq éléments, il y a des milliers d'années, ont aussi découvert que les éléments affectent des organes spécifiques, dont chacun correspond à certaines émotions. Selon la théorie des cinq éléments, une émotion déséquilibrée trouble la santé de l'élément et de l'organe correspondants. Inversement, quand un organe est déséquilibré, des émotions malsaines se manifestent. En éliminant les schèmes émotionnels malsains, nous guérissons l'organe correspondant. Au cours de mon travail, j'ai constaté que le schème émotionnel est réellement emmagasiné dans l'ADN de l'organe atteint et de ceux qui lui sont associés, de sorte que l'on peut facilement découvrir ce schème en utilisant comme carte de route la théorie des cinq éléments.

Les tableaux des pages suivantes résument les rapports entre les éléments, les organes, les émotions et les archétypes, en indiquant le genre de schèmes susceptibles de se manifester lorsque tel élément ou archétype est équilibré ou déséquilibré. Si vous

Les cinq éléments

L'élément Eau

Archétype

Le Philosophe

Possède une vision globale des cycles de la vie.
S'échappe de la Matrice pour créer une nouvelle vision.
Représente le renouveau et la mort au début et à la fin d'un cycle.

Expression positive, équilibrée, de l'élément et de l'archétype

Sens aigu de l'introspection. Capacité de demeurer fidèle à sa nature profonde. Sens aigu de la réflexion et de l'originalité. Sagesse.

Expression déséquilibrée

Peur de survivre, ignorance de ce qui est sûr, incapacité d'avoir une vue d'ensemble.

Organe et déséquilibres émotionnels associés

Reins :
peur, terreur, mauvaise mémoire, fuite

Vessie :
irritation, timidité, paralysie de la volonté, susceptibilité, inefficacité

Déséquilibres physiques associés

Reins :
- sécheresse buccale ;
- congestion pulmonaire ;
- douleur aux reins, au bas du dos, à la hanche ;
- hernie ou rupture discale ;
- douleur au genou ou à la hanche, douleur au pied ou à la plante du pied ;
- incontinence ;
- hémorroïdes, hernie, douleur au coccyx

Vessie :
- incontinence, urination douloureuse ;
- infection des reins et de la vessie, descente de vessie ;
- douleur ou raideur de la colonne ou du bas du dos ;
- douleur à la hanche et au genou ;
- mal de jambes ;
- douleur au pied

Schèmes perturbateurs créant la perte par...

Perte de la capacité d'avoir une vue d'ensemble

L'élément Bois

Archétype

Le Pionnier

Découvre de nouveaux territoires.
Représente la naissance et la croissance.
Explore le soi intérieur et ne craint pas de tenter de nouvelles expériences ou de prendre des risques dans sa croissance.
Inclut l'inventeur et l'entrepreneur.

Expression positive, équilibrée, de l'élément et de l'archétype

Besoin motivant d'action et d'épanouissement.
Capacité de créer le mouvement et l'excitation. Joie de vivre. Plaisir d'être là.
Aptitude à contrôler les émotions en exprimant ses sentiments profonds.
Abondante énergie inspirante. Visionnaire ayant un grand potentiel créatif.
Besoin de créer et de partager la beauté. Capacité de partager son enthousiasme, sa vision et son sens de l'aventure.

Expression déséquilibrée

Force, entêtement, colère prolongée, exagération et surmenage.

Organe et déséquilibres émotionnels associés

Foie :
colère, frustration, rage, irrationalité, agression

Vésicule biliaire :
ressentiment, entêtement, dépression, répression émotionnelle, indécision

Déséquilibres physiques associés

Foie :
- irritation des yeux ;
- gorge serrée ;
- raideur musculaire ou articulaire, douleur dorsale ou costale, mal de genou ;
- douleur à l'utérus ou à la prostate ;
- arthrite ;
- maladies cutanées : eczéma, psoriasis, dermatite

Vésicule biliaire :
- migraines ;
- douleur de la jambe ou de la hanche, douleur musculaire ;
- douleur vésiculaire, calcul biliaire ;
- raideur thoracique ou costale ;
- raideur de la hanche ou des articulations ;
- troubles digestifs, ballonnements et flatulences

Schèmes perturbateurs créant la perte par...

Perte de l'aptitude à aller de l'avant

L'élément Feu

Archétype

Le Sorcier

Allume et entretient l'étincelle de vie.
Crée la magie et les miracles.
Transforme passionnément la réalité.

Expression positive, équilibrée, de l'élément et de l'archétype

Passion, enthousiasme, optimisme et capacité de transformer. Enthousiasme à transformer par le pouvoir de l'amour. Instrument de magie et d'imagination. Grande capacité de joie, d'affection et d'expression.

Expression déséquilibrée

Perte de passion, perte d'amour, suppression de l'émotion, désespoir.

Organe et déséquilibres émotionnels associés

Petit intestin :	*Thyroïde-surrénale :*	*Cœur :*	*Mâle/Femelle* (Péricarde-circulation) :
vulnérabilité, abandon, sentiment d'insécurité et de vide, d'inattention	confusion, paranoïa, confusion mentale, instabilité émotionnelle	euphorie, mélancolie, choc, culpabilité, rire inapproprié, maniérisme et élocution rapide	épuisement, suppression, passivité, mémoire paresseuse

Déséquilibres physiques associés

Petit intestin :
- troubles de l'oreille, bourdonnements,
- mal de gorge ;
- douleur abdominale ;
- troubles digestifs ;
- douleur latérale à l'épaule, raideur et douleur au bras ;
- maladie de Crohn

Thyroïde-surrénale :
- rhumes, infection de l'oreille, amygdalite, mal de gorge, enflure des glandes ;
- troubles oculaires, cataractes, conjonctivite ;
- mains/pieds froids, sudation excessive, bouffées de chaleur, frilosité
- douleur à la mâchoire/ à l'épaule, raideur du bras et du poignet ;
- baisse d'énergie, fatigue chronique ;
- syndrome d'immunodéficience ;
- irrégularité du cycle menstruel

Cœur :
- migraine, douleur faciale, sécheresse buccale, nausée ;
- palpitations, douleur à la poitrine ;
- douleur aux bras, insensibilité, raideur/douleur au cou ;
- raideur ou douleur au dos ;
- troubles digestifs, constipation, allergies alimentaires ;
- enflure des chevilles, varices

Mâle/Femelle (Péricarde-Circulation) :
- troubles oculaires ; bouffées de chaleur, moiteur des paumes, mauvaise circulation ;
- faim, soif, troubles du sommeil ;
- tachycardie, artériosclérose ;
- dépression, humeur changeante, mauvaise mémoire, difficulté de concentration ;
- embolie

Schèmes perturbateurs créant la perte par...

Perte de passion

L'élément Terre

Archétype

Le Juge

Sert de médiateur et ramène l'équilibre en toutes choses.
Équilibre la justice et la compassion.

Expression positive, équilibrée, de l'élément et de l'archétype

Capacité de se sentir centré, équilibré et en paix avec le monde. Amour de la famille et du foyer. Capacité de s'occuper de soi-même et des autres. Fiable et encourageant. Plein d'amour et de compassion pour tout ce qui existe. Excellent médiateur et capable d'instaurer l'équilibre, gagnant ainsi la confiance et l'appréciation des autres.

Expression déséquilibrée

Manque d'énergie compensatoire (sentir que l'on donne plus que ce que l'on obtient physiquement ou émotionnellement), difficulté de vivre, perte d'individualisme, inaptitude à se défendre.

Organe et déséquilibres émotionnels associés

Rate/Pancréas :
faible estime de soi, désespoir, vit à travers les autres, surpréoccupation, manque de contrôle, inquiétude, méfiance

Estomac :
dégoût, désespoir, exagérément sympathique, nervosité/étouffement, sentiment exagéré de sa propre importance, obsession, égotisme

Déséquilibres physiques associés

Rate/Pancréas :

- congestion lymphatique ;
- perte d'appétit, nausées ;
- douleur abdominale, distension ;
- troubles de l'estomac et/ou du bassin, déséquilibres féminins ;
- fatigue des membres ;
- douleur à la jambe, au genou ou à la cuisse

Estomac :

- migraine, douleur aux sinus ou à la mâchoire ;
- raideur du cou, enflure de la gorge ;
- serrement de la poitrine ;
- troubles stomacaux, digestifs et gastro-intestinaux (tiraillements d'estomac, gastrite) ;
- hernie hiatale, ulcères ;
- douleur à la cuisse et au bassin, troubles du genou et du tibia

Schèmes perturbateurs créant la perte par...

Perte d'égalité

L'élément Métal

Archétype

L'Alchimiste

Transforme le vieux, y compris les vieilles croyances, en formes et réalités nouvelles.

Produit des résultats dépassant les attentes normales.

Expression positive, équilibrée, de l'élément et de l'archétype

Compétent. Possède une base solide et la capacité de créer des structures essentielles. Sens aigu de l'orientation pour le sens de la vie. Bien structuré. Capacité d'accueillir la richesse de la vie. Sait profondément que chacun est déjà parfait. Concentration intérieure, clarté mentale et profonde compréhension de la nature transitoire de la vie. Vit dans l'intégrité avec des principes. Grand détachement et discernement.

Expression déséquilibrée

Sentiment de paralysie, séparation, inaptitude à s'exprimer.

Organe et déséquilibres émotionnels associés

Poumons :
chagrin, perte, tristesse, nostalgie, pensée nébuleuse, angoisse

Gros intestin :
immobilisme, rigidité, méfiance, positions dogmatiques, pleurs

Déséquilibres physiques associés

Poumons :

- irritation de la gorge et de la trachée, troubles des cordes vocales, toux ;
- transpiration, souffle court, difficultés respiratoires ;
- bronchite, asthme, emphysème ;
- douleur à l'épaule, au coude ou au poignet, hypertrophie de la jointure du pouce ;
- serrement du diaphragme ;
- diarrhée, constipation, colite

Gros intestin :

- syndrome de l'intestin irritable, borborygmes ;
- douleur abdominale, ballonnements, constipation ;
- troubles des dents, du nez ou des sinus ;
- raideur du cou ;
- bursite, douleur à l'épaule ou à l'avant-bras, synovite du coude ;
- raideur de l'index, douleur ou faiblesse de la main

Schèmes perturbateurs créant la perte par…

Perte de l'aptitude à transformer

éprouvez l'un ou l'autre des symptômes physiques ou émotionnels listés dans ces tableaux, c'est sans doute que cet archétype dirige votre vie.

Les cinq éléments et leurs archétypes, dont chacun exerce ses propres fonctions, sont reliés les uns aux autres et interdépendants. L'histoire suivante illustre comment les cinq éléments et leurs archétypes agissent de concert dans leur cycle d'activité.

Un jour, un grand philosophe eut une idée merveilleuse pour transformer le monde. Sachant qu'il ne pouvait y arriver tout seul, il recruta ses amis le Pionnier, le Sorcier, le Juge et l'Alchimiste afin qu'ils l'aident à réaliser son rêve. Il demanda au Pionnier de trouver un endroit dans le monde où ce rêve aurait la possibilité de se réaliser librement.

Le Pionnier se mit au travail avec enthousiasme, mais se rendit compte très vite qu'il ne pouvait rien faire sans le feu sacré du Sorcier. Celui-ci attisa le rêve en recrutant des milliers de personnes, mais s'aperçut très vite qu'il avait besoin du soutien de son ami le Juge. Ce dernier équilibra alors le projet en veillant à ce que le travail et le jeu y soient tous deux présents équitablement et que tout le monde fasse sa part.

Dans sa sagesse, le Juge savait qu'il avait besoin de l'aide de son ami l'Alchimiste pour transformer la vieille méthode en une nouvelle. L'Alchimiste se mit donc à l'œuvre pour amorcer le processus de réalisation du rêve. Après un moment, il demanda à son ami le Philosophe de l'aider à ne jamais perdre de vue l'ensemble du projet, afin que le rêve continue de croître et d'évoluer. Il fallut donc la collaboration de ces cinq amis, toujours conscients de leur interdépendance, pour créer un monde meilleur.

Comme dans cet exemple, notre santé est à son meilleur quand les cinq éléments et leurs archétypes œuvrent ensemble, se soutiennent mutuellement. S'ils ne travaillent pas dans l'équilibre et l'harmonie, c'est-à-dire si l'un d'entre eux est trop fort ou un autre, trop faible, non seulement le système est-il alors déséquilibré, mais les éléments s'affaiblissent réciproquement au lieu de se soutenir. Cela renvoie à un autre aspect de la théorie des cinq éléments, celui qu'on appelle « le cycle de contrôle », fondé sur la synergie des éléments opposés.

Le cycle de contrôle des cinq éléments

L'eau contrôle le feu parce qu'elle peut le refroidir et même l'éteindre.

Le feu contrôle le métal puisqu'il peut le fondre.

Le métal contrôle le bois parce qu'il peut le couper ou le percer.

Le bois contrôle la terre parce qu'il peut la recouvrir ou la cacher.

La terre contrôle l'eau parce qu'elle peut l'endiguer.

À partir de ce cycle de contrôle, nous voyons ceci : quand les cinq amis, soit les cinq éléments, ne travaillent pas en harmonie, ils sont susceptibles de se nuire mutuellement en propageant leurs éléments négatifs, ce qui donne ceci :

- Le Philosophe (l'eau), en diffusant la peur, contamine l'énergie du Sorcier (le feu), refroidissant et éteignant le feu de la joie et de la passion dont le Sorcier a besoin pour survivre.
- Le Sorcier (le feu), en diffusant la perte de joie et de passion, contamine l'énergie de l'Alchimiste (le métal), fondant le métal et l'aptitude de l'Alchimiste à changer les choses, ce qui crée le chagrin et la perte.
- L'Alchimiste (le métal), en diffusant le chagrin et la perte, contamine l'énergie du Pionnier (le bois), perçant le bois et l'esprit pionnier de la création, ce qui installe la colère et interrompt le flux créateur.

Les cinq éléments, leurs archétypes et les organes qui leur sont associés

Dans la théorie chinoise traditionnelle des cinq éléments, chaque élément ou forme d'énergie progresse, dans le sens des aiguilles d'une montre, dans un cycle appelé « cycle des naissances », où l'eau donne naissance au bois, le bois au feu, et ainsi de suite. Nous sommes en parfaite santé quand les cinq éléments sont en équilibre, travaillent ensemble et se soutiennent mutuellement. S'ils ne travaillent pas en équilibre et en harmonie, ils s'affaiblissent mutuellement. Cela renvoie au « cycle de contrôle » des cinq éléments, illustré ici par des flèches reliant les éléments.

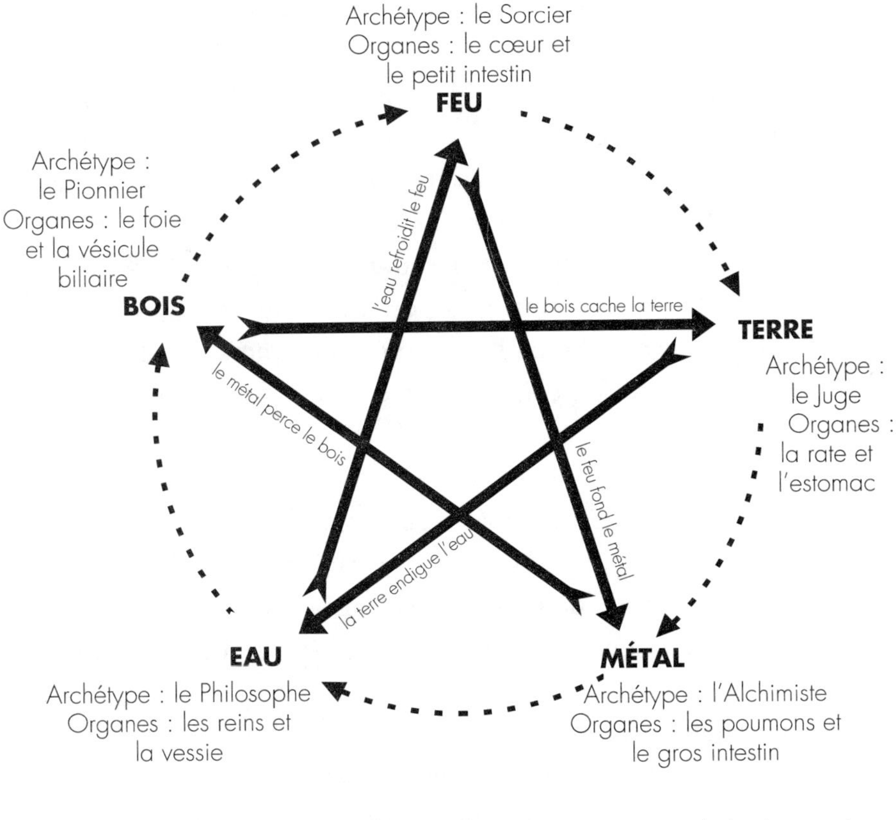

Ces archétypes dérivés de la théorie chinoise traditionnelle des cinq éléments nous fournissent un langage symbolique qui nous permet d'interpréter les épisodes inscrits dans notre code génétique.

- Le Pionnier (le bois), en diffusant la colère, contamine l'énergie du Juge (la terre), l'empêchant de maintenir l'équilibre et la qualité, ce qui crée le sentiment d'un manque de soutien.
- Le Juge (la terre), diffusant le manque de soutien, contamine l'énergie du Philosophe (l'eau), endiguant ainsi l'eau ou la vision d'ensemble du Philosophe.

L'épisode de ma vie que j'ai relaté plus haut, où mes croyances quant au rôle de mère mettaient en péril ma relation avec ma fille adolescente, fournit un bon exemple de l'influence des archétypes sur notre vie quotidienne. À l'époque, je jouais le rôle du Juge, ce qui, le croyais-je alors, était ce qu'une bonne mère devait faire : juger bonnes ou mauvaises les actions de ses enfants et appliquer les règlements pour leur propre bien. Ce n'est pas que le Juge ou tout autre archétype soient mauvais ; c'est plutôt que leur expression est déséquilibrée quand ils ne travaillent pas tous en harmonie. L'aspect déséquilibré du Juge fait alors appliquer les règlements trop rigoureusement. D'un autre côté, son aspect sain et encourageant crée l'équilibre (à l'instar des plateaux équilibrés de la justice).

J'exprimais l'aspect malsain de cet archétype dans ma relation avec ma fille. Le rôle du Juge rigoureux que je jouais m'avait été transmis par mon lignage familial. J'avais appris ce rôle de ma mère, qui l'avait appris de la sienne, et ainsi de suite. Ce système de croyances était enchâssé dans le code génétique de ma famille et j'y obéissais automatiquement. Jusqu'au jour où je décidai finalement d'adopter le rôle du Juge encourageant, qui crée l'équilibre dans les relations. En abandonnant mon vieux rôle et en choisissant plutôt de conseiller et de guider ma fille sans la contrôler, je la vis se rapprocher de moi et assumer la responsabilité de ses actes, ce qui renouvela notre amitié. En modifiant mes croyances et mes comportements, j'encourageai sa profonde intelligence et l'aidai à découvrir sa propre grandeur.

Découvrir la cause émotionnelle des problèmes physiques

J'ai eu l'occasion de travailler avec une femme, appelons-la Suzanne, qui utilisait les archétypes des cinq éléments pour soulager ses problèmes de santé après avoir découvert qu'ils étaient enracinés dans des schèmes émotionnels. Cette femme souffrait d'un mal de genoux et d'une faiblesse rénale, en raison du stress causé par son travail. Elle était le pilier de sa famille. Non seulement devait-elle travailler pour nourrir ses trois enfants, mais elle devait en plus entretenir la maison et organiser les horaires de tout le monde. Il ne lui restait donc plus beaucoup d'énergie pour s'occuper d'elle-même. Elle semblait ainsi parfois rigide et irritable, exactement comme ses genoux. Son corps reflétait ses émotions.

En médecine chinoise, une faiblesse des genoux est souvent associée à une faiblesse rénale. Je savais que si ses reins se renforçaient, ses genoux se renforceraient également. Nous nous mîmes donc à chercher le problème émotionnel lié à un épisode contenu dans son ADN et qui affaiblissait sans doute ses reins. En nous fondant sur la série de nombres qu'elle avait choisis, nous constatèrent que cette émotion était la peur. Sous sa force, Suzanne cachait une peur profonde : celle d'échouer et de tout perdre si elle ne continuait pas à tenir le coup. Il nous fallait ensuite trouver le genre d'épisode intérieur qui suscitait ce schème dans son corps.

Les nombres qu'elle avait choisis nous conduisirent aussi à ses archétypes actifs. Il s'agissait du Pionnier (l'élément bois) et du Philosophe (l'élément eau). Suzanne manifestait clairement l'expression déséquilibrée de l'archétype du Pionnier, comptant trop sur sa propre force et se surmenant jusqu'à l'épuisement. Quand un élément est déséquilibré, il enlève de l'énergie à un autre élément, et ce, pour survivre. Dans son cas, l'archétype du Pionnier enlevait de l'énergie à celui du Philosophe, l'empêchant d'avoir une vue d'ensemble ou de comprendre pourquoi elle se surmenait ainsi. Si l'archétype du Philosophe avait été équilibré, Suzanne aurait vu qu'elle avait besoin de ralentir, et l'aurait accepté. Ces déséquilibres affectaient autant son apparence que son corps. Le Philosophe est associé à l'élément eau, qui tire son énergie des reins. Quand ceux-ci perdent de l'énergie, ils affaiblissent souvent les genoux, et c'est exactement ce qui lui était arrivé.

En suivant la piste de son histoire intérieure, nous avons vu émerger des informations importantes. Suzanne me révéla que son père, lorsqu'elle était enfant, avait soudain perdu son emploi de gérant régional quand la compagnie pour laquelle il avait travaillé toute sa vie avait fermé ses portes. Il fit alors une profonde dépression et perdit l'esprit de Pionnier qui l'incitait à explorer de nouveaux domaines et à créer de nouvelles choses. Elle se souvenait d'avoir entendu sa mère lui dire ceci : « Nous allons maintenant tout perdre parce que ton père a perdu toute motivation. » L'enfant qu'elle était alors s'était promis, en voyant ce qui arrivait à son père, de toujours travailler fort et de ne jamais perdre son allant, même au prix de son propre bien-être.

En plus de cette histoire, qui appartenait à sa propre vie, nous avons considéré les épisodes qui lui avaient été transmis par son lignage familial. Encore une fois, Suzanne choisit des nombres en réponse à des questions précises. Ces nombres nous révélèrent que l'un de ses ancêtres, d'une nature un peu gitane, avait été incarcéré et condamné aux travaux forcés. Il avait eu le choix entre les travaux forcés et la peine de mort. Finalement, il était mort en prison, parce qu'il avait perdu son esprit de pionnier et devait travailler trop durement. L'histoire du père et celle de l'ancêtre de Suzanne étaient des variantes du même thème : la perte de l'esprit de pionnier. Ces deux épisodes familiaux avaient créé chez Suzanne la peur qui l'incitait à persévérer, à se surmener et à continuer à travailler, quoi qu'il arrive.

Après avoir compris d'où lui venait ce schème, Suzanne poursuivit son processus de guérison en neutralisant l'énergie enfermée dans ses schèmes malsains. Elle élimina de sa mémoire génétique les vieux schèmes et en affirma un nouveau, celui du droit de satisfaire ses propres besoins. Après avoir traversé ce processus et avoir mieux compris sa dynamique intérieure, elle s'accorda la permission de s'occuper d'elle-même et fut donc en mesure de mieux s'occuper de sa famille. Du coup, ses reins et ses genoux se renforcèrent.

Perdre la passion de vivre

Au cours d'un de mes premiers ateliers, une jeune femme que je nommerai Renée se porta volontaire pour participer au processus que j'enseignais. Elle me dit désirer acquérir la « vision spirituelle ». Quand je lui demandai ce qu'elle entendait par là, elle me répondit ceci : « Je veux voir la vie avec les yeux de la passion et de l'amour. » En me servant des archétypes décrits dans ce chapitre, je lui fis suivre le processus d'autoguérison de l'ADN afin de voir quels souvenirs personnels ou ancestraux obstruaient sa vision.

Nous découvrîmes que la faiblesse génétique à l'origine de ce problème lui avait été transmise par son père. Les nombres qu'elle choisit révélèrent aussi que quelqu'un, du côté paternel, une dizaine de générations plus tôt, avait perdu toute passion de vivre et sombré dans le désespoir. À l'époque, cet individu avait adopté, pour survivre, une stratégie qui lui avait fait abandonner sa passion de vivre pour s'adapter aux croyances et aux normes établies par la société.

Renée choisit aussi des nombres en corrélation avec les archétypes du Juge, du Pionnier et de l'Alchimiste. Le côté sombre (déséquilibré) du Pionnier ne croit pas uniquement à la nécessité d'explorer de nouveaux domaines, mais aussi à celle de travailler fort pour atteindre le but désiré. Le côté sombre de l'Alchimiste croit que l'esprit seul peut résoudre le problème. Le côté sombre du Juge voit le monde comme bon ou mauvais et le juge ainsi. Toute cette histoire reconstituée nous révéla qu'un ancêtre paternel de Renée avait été jugé et récompensé pour son dur labeur et ses aptitudes mentales.

Une autre série de nombres choisis par Renée nous révéla une autre pièce importante du puzzle. Nous trouvâmes dans sa mémoire cellulaire un schème de victime de génocide, associé à des souvenirs de pauvreté et de punition. Les victimes de génocide se sentent piégées ou incapables de changer leur situation, ce qui suscite le désespoir en elles. Nous avons tous dans notre ADN des souvenirs de génocide ou d'atrocités. Un souvenir de pauvreté indique l'existence de la croyance qu'il n'y a « pas assez » de quelque chose. Dans ce cas-ci, la pauvreté impliquait de ne pas avoir assez d'amour ou de soutien pour entretenir la passion de la vie. Le souvenir génétique d'une victime de génocide, associé à un souvenir de pauvreté, établissait un programme à l'intérieur duquel Renée ressentait sa vie comme une punition. Elle croyait secrètement qu'elle serait punie à défaut de suivre les règles de la société.

Après que nous eûmes décodé toute cette information, la jeune femme avoua à quel point notre interprétation était exacte. Elle nous dit que son père était un ingénieur dont les croyances renforçaient le côté sombre de l'Alchimiste (régler les problèmes uniquement par le mental) ; qu'elle était une athlète, ce qui renforçait aussi le côté sombre du Pionnier (croire en la nécessité de travailler fort pour réussir). Toute sa vie durant, elle avait effectivement été récompensée pour ses aptitudes mentales et sa capacité de travail. Elle n'avait jamais été encouragée à voir le monde avec les yeux du Sorcier, ceux de l'amour et de la passion.

Rendue à l'étape du processus de guérison que l'on appelle « changement de direction du cœur » (expliquée au chapitre 5), elle vit comment cela avait refermé son cerveau droit, cette partie du cerveau où vivent la magie et les miracles. Elle se rendit compte qu'on lui avait appris à ne pas faire confiance à cette partie d'elle-même et à ne se fier qu'à son cerveau gauche pour survivre, ce qui l'avait coupée d'un monde rempli de passion et d'amour. Cette perte de passion de vivre lui avait conséquemment fait perdre sa vision spirituelle. Nous avons complété le processus par l'application d'une technique destinée à éliminer de l'ADN les vieux souvenirs et à y rétablir les souvenirs de passion, de joie et d'amour, afin qu'elle puisse célébrer les beautés de la vie en utilisant les deux côtés de son cerveau.

Quand j'ai revu Renée, plusieurs mois plus tard, elle était rayonnante. Elle me dit qu'elle vivait maintenant l'existence dont elle avait toujours rêvé, mais qu'elle n'avait jamais crue possible, et qu'elle ne se fiait plus exclusivement à ses aptitudes mentales pour créer sa vie. Dès que son cerveau gauche lui fait connaître les faits, elle les transmet à son cerveau droit pour voir ce qu'elle ressent. Ainsi, elle peut marier son intellect avec ses sentiments, restaurant dès lors la connexion spirituelle dans son existence.

5

Le système de soutien énergétique

Parallèlement au système des cinq éléments, il en existe aussi un autre qui constitue une véritable mine d'informations pour identifier les émotions et les croyances nocives encodées dans notre ADN, et c'est celui des chakras ou centres d'énergie. Les sept chakras sont des roues d'énergie qui, à l'intérieur de nous, soutiennent le système énergétique du corps. C'est l'énergie s'écoulant au travers des chakras qui nourrit et soutient notre corps physique. Tout comme nous avons besoin de nourriture, d'air et d'eau pour survivre, nous avons besoin qu'une énergie s'écoule à travers nos chakras pour nous maintenir vivants. Les blocages survenant dans l'un ou l'autre de nos sept chakras affaiblissent la fonction de ces centres énergétiques ainsi que le flux d'énergie qui les traverse, ce qui affecte en retour les parties de notre corps qui sont nourries par eux.

Les blocages de nos chakras ont la même cause que ce qui influence notre ADN : les schèmes énergétiques de nos croyances nuisibles. Tout comme notre ADN, nos chakras contiennent des

Les chakras et les glandes qui leurs sont associées

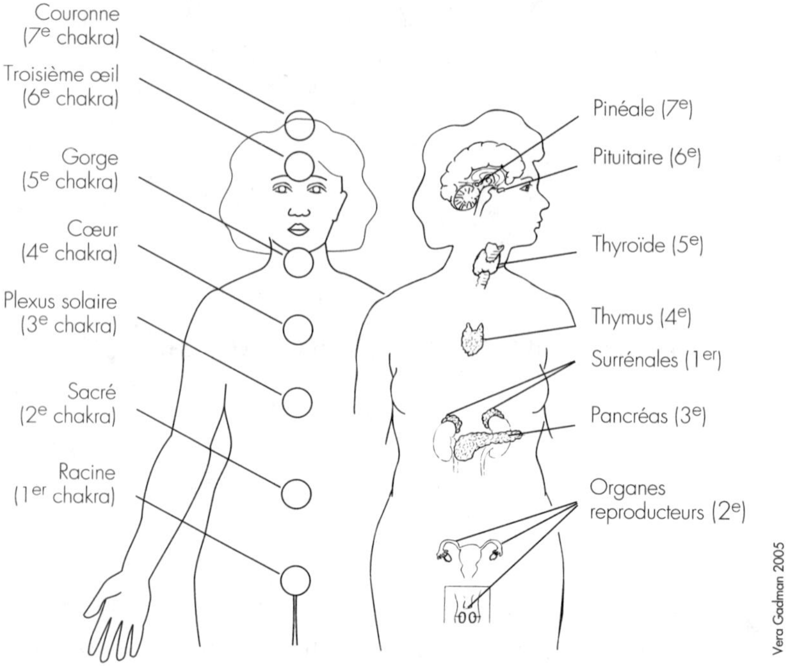

souvenirs ; les souvenirs qui ne nous soutiennent pas affaiblissent notre système énergétique et même le détruisent. Tant qu'un chakra est libre de tout schème contraignant, il fonctionne parfaitement et nous permet d'accéder à une forme unique de connaissance supérieure.

On numérote traditionnellement les chakras de un à sept, en commençant par le chakra racine, situé à la base de la colonne vertébrale, et en terminant par le chakra couronne, situé sur le sommet du crâne. À chacun sont associés une qualité et une expression positives ainsi qu'un archétype nuisible qui se développe quand l'énergie est bloquée ou déséquilibrée. Les tableaux et graphiques des pages suivantes illustrent les correspondances de chacun des sept chakras.

Premier chakra : Racine ✪ L'innocence ✪ Archétype : l'Enfant magique

Par le premier chakra, nous apprenons à créer la sécurité et la sûreté dans notre vie. Quand ce chakra est équilibré, nous savons comment satisfaire nos besoins quotidiens, ce qui suscite le sentiment d'être soutenu. Par le chakra racine, nous accédons à la connaissance de l'innocence (ou pureté), où le monde nous apparaît comme sûr, pourvoyeur et protecteur. Quand le chakra racine est bloqué, nous nous sentons dans l'insécurité financière, professionnelle et relationnelle. Nous nous sentons seuls, indignes, déconnectés, indésirables, et nous avons peur du changement. Nous souscrivons à la croyance de la Matrice qui veut que la vie soit une lutte et que toute chose, ou toute personne, constitue une menace potentielle, ce qui nous fait perdre la liberté de souplesse.

Deuxième chakra : Sacré ✪ La création ✪ Archétype : la Déesse

Par le deuxième chakra, nous apprenons à nous entretenir. Quand ce chakra est équilibré, nous sommes en contact avec nos besoins et nos désirs, et nous acceptons tous nos sentiments, les bons comme les mauvais, au lieu de les réprimer ou de les juger. S'il est en santé, le deuxième chakra nous permet de nous entretenir et d'entretenir les autres. Par le chakra sacré, nous acquérons la connaissance de la création et du soutien alors que nous accédons aux énergies de la mère universelle qui crée la vie, la nourrit et l'entretient. Si ce chakra est bloqué, nous avons tendance à ignorer nos sentiments ou à les éviter. Nous sommes coupés des désirs de notre cœur et nous acceptons la croyance de la Matrice qui veut que le sentiment soit inacceptable, ce qui nous fait perdre notre liberté de découvrir qui nous sommes.

Les sept chakras de notre système énergétique

1er chakra – Racine

Emplacement	Base de la colonne vertébrale
Glandes	Surrénales
Fonction	Nourriture/abri, fondations
Connaissance supérieure à laquelle nous accédons quand ce chakra est dégagé	Innocence ou pureté, où nous considérons le monde comme sûr, pourvoyeur et protecteur.
Archétype positif	L'Enfant magique (Innocence)
Archétype négatif	La Victime
Expression positive, équilibrée	Profonde connexion entre le ciel et la Terre. Sentiment de sécurité quant au monde et à ce qui est essentiel pour survivre, y compris la sécurité physique et financière. Liens émotionnels solides avec la famille et les amis, sens de la communauté. Sens profond de ses propres besoins et de ceux des autres, en y consacrant le temps qu'il faut. Voit le monde à travers les yeux de l'innocence, de la gentillesse et de la compassion. Fait partager l'abondance de la vie.
Côté sombre : schèmes perturbateurs créant la perte	Se sent à la merci des autres ou de forces extérieures, ce qui crée la perte de l'innocence et de la capacité d'assumer ses responsabilités.
Élément	Eau
Archétype associé	Le Philosophe

2e chakra – Sacré

Emplacement	Organes reproducteurs
Glandes	Reproductrices
Fonction	Sexualité, créativité
Connaissance supérieure à laquelle nous accédons quand ce chakra est dégagé	Création et maternage, les énergies de la mère universelle qui crée la vie et la nourrit.
Archétype positif	La Déesse (Création)
Archétype négatif	Le Martyr
Expression positive, équilibrée	Sentiment d'abondance, de bien-être, de plaisir, d'amour et de joie de vivre. Se donne la permission de créer la prospérité et l'abondance. Connaissance profonde de ce qui enrichit sa vie, contentement, capacité de voir le plaisir en toutes choses. Énergie égale dans toutes les relations (sentiment de recevoir autant que ce que l'on donne, physiquement ou émotivement). Sentiment de mériter beaucoup et d'en être digne, de se sentir à l'aise dans l'abondance, la prospérité et le succès, d'être plein de ressources, de s'en réjouir et de se sentir épanoui. Fait confiance à son corps, écoute ses besoins.
Côté sombre : schèmes perturbateurs créant la perte	Souffre beaucoup pour soi et les autres, ce qui crée la perte de la capacité d'entretenir le bonheur.
Élément	Bois
Archétype associé	Le Pionnier

3e chakra – Plexus solaire

Emplacement	Plexus solaire
Glande	Pancréas
Fonction	Individualisme, estime de soi, pouvoir personnel
Connaissance supérieure à laquelle nous accédons quand ce chakra est dégagé	Sagesse par connexion directe aux enseignements des vieux sages et à la force vitale universelle qui procure la capacité de livrer au monde ses créations.
Archétype positif	Le Sage (Sagesse)
Archétype négatif	L'Égoïste
Expression positive, équilibrée	Sentiment de puissance et d'énergie par l'estime de soi, confiance en soi, pouvoir personnel, respect de soi, confiance et détermination, conscience de sa propre valeur. Qualité des relations, échange équitable d'énergie, gentillesse et respect. Fort sentiment identitaire, conscience de mériter vraiment le meilleur. Liberté de choisir l'amour, la joie et le bonheur. Crée la capacité de soutenir les autres inconditionnellement.
Côté sombre : schèmes perturbateurs créant la perte	Ne reconnaît pas d'autre pouvoir que le sien, ce qui crée la perte de la sagesse et de la souplesse.
Élément	Terre
Archétype associé	Le Juge

4e chakra – Cœur

Emplacement	Cœur
Glande	Thymus
Fonction	Joie, amour
Connaissance supérieure à laquelle nous accédons quand ce chakra est dégagé	Amour profond pour soi et toutes choses vivantes.
Archétype positif	L'Amoureux enchanté (Amour)
Archétype négatif	L'Amoureux blessé
Expression positive, équilibrée	Réceptivité à l'amour, à l'harmonie et à l'équilibre intérieur. Liens affectueux avec les autres, ouverture du cœur, gentillesse, indulgence, compassion, place l'amour au centre de sa vie. Amour de soi, des gens, des animaux, des plantes et de toute vie, contentement intérieur, bonheur d'être qui l'on est et de ne pas se sentir jugé. Joie, unité, fraternité, appréciation de la beauté et de la lumière des autres. Attire les autres à soi. Adoré des enfants et des personnes âgées. En contact avec ses sentiments. Sens profond de l'instant présent. Crée la gentillesse, l'indulgence et la compassion.
Côté sombre : schèmes perturbateurs créant la perte	Incapacité de se protéger de la douleur de l'amour, ce qui crée la perte de l'amour et de la capacité d'entretenir des relations intimes.
Élément	Feu
Archétype associé	Le Sorcier

5e chakra – Gorge

Emplacement	Gorge
Glande	Thyroïde
Fonction	Communication du plus grand potentiel
Connaissance supérieure à laquelle nous accédons quand ce chakra est dégagé	La vérité, soit la capacité de parler sans subir les jugements ou les enseignements de la Matrice.
Archétype positif	Le Libérateur (Vérité)
Archétype négatif	L'Acteur
Expression positive, équilibrée	Réunir le cœur et l'esprit. Créativité, expression de soi, force de la volonté, vérité, efficacité de communication, amélioration de son esprit créateur. Sentiment de vivacité, capacité de canaliser toute l'énergie nécessaire à l'expression de ses sentiments et de ses désirs. Parler ouvertement et être entendu. Intégrité, honnêteté. Se procurer un environnement sûr, exprimer à la fois son esprit et son cœur, paroles précieuses pour les autres. Exprimer sa créativité, sa vérité et son intégrité. Savoir que l'on est amour et que la beauté luit par l'expression de soi. Crée la détermination et le courage.
Côté sombre : schèmes perturbateurs créant la perte	Incapacité de dire ce que l'on veut, ce qui crée la perte de l'expression de sa vérité.
Élément	Métal
Archétype associé	L'Alchimiste

6e chakra – Troisième œil

Emplacement	Troisième œil (entre les sourcils)
Glande	Pituitaire
Fonction	Clairvoyance
Connaissance supérieure à laquelle nous accédons quand ce chakra est dégagé	Clarté, capacité de voir le monde clairement, sans la distorsion de la dualité de la Matrice.
Archétype positif	Le Chercheur (Clarté)
Archétype négatif	L'Analyste
Expression positive, équilibrée	Bien-être physique et émotionnel. Pensée claire sans illusion, grand discernement, intuition et sagesse, psychisme éveillé et dons artistiques, l'imagination pour inspiration. Capacité d'être guidé constamment. Pont et connexion entre le cerveau gauche, réflexif, et le cerveau droit, intuitif. Don de vision intérieure et confiance en sa connaissance intérieure. Profonde compréhension de la vie et des pièges de la Matrice. Talents de thérapeute, de guérisseur, d'artiste, de comédien. Profonde compréhension des symboles. Conscience de la synchronie. Un sage. Crée la sagesse et l'optimisme.
Côté sombre : schèmes perturbateurs créant la perte	Trop grande intellectualisation de tout, ce qui crée la perte de la clarté et de la capacité d'entendre son soi intérieur.
Élément	Terre
Archétype associé	Le Juge

7e chakra – Couronne

Emplacement	Sommet du crâne
Glande	Pinéale
Fonction	Foi, confiance
Connaissance supérieure à laquelle nous accédons quand ce chakra est dégagé	Connexion divine, sens profond de la connexion à toutes choses.
Archétype positif	L'Ange (Connexion divine)
Archétype négatif	Le Séparatiste
Expression positive, équilibrée	Le summum de la beauté, du raffinement et de la spiritualité. Ouverture à la lumière de l'esprit, connexion éternelle à l'esprit, ouverture à l'amour et à la sagesse provenant du Soi supérieur, plénitude de l'énergie divine. Maîtrise du plan spirituel, essence de l'amour et de la conscience, liaison avec l'unité résonnant avec le flux continu de l'amour universel. Unité avec la Source, avec la vérité, connexion à toutes les âmes. Joie, paix, liberté, sérénité, gratitude. Conscience que toutes les expériences passées ont conduit à ce moment d'amour et d'acceptation. Crée la spiritualité comme partie intégrante de la vie.
Côté sombre : schèmes perturbateurs créant la perte	Voit toutes choses comme séparées les unes des autres, ce qui crée la perte de la connexion à la source divine.
Élément	Eau
Archétype associé	Le Philosophe

Troisième chakra : Plexus solaire ✪ La sagesse ✪ Archétype : le Sage

Par le troisième chakra, nous apprenons à devenir des individus. Quand le chakra du plexus solaire est en santé, nous sommes à même d'utiliser notre pouvoir et de nous défendre. Nous nous valorisons. Nous avons la capacité de livrer au monde nos créations. Par ce chakra, nous pouvons nous connecter aux enseignements des vieux sages et à la force vitale universelle. Quand ce chakra est bloqué, nous appartenons à l'ego, qui croit au contrôle et à la lutte. Nous nous sentons séparés de notre maître intérieur, qui est relié à toutes choses. Nous abandonnons notre intention, notre faculté de choisir et notre volonté. Nous conformant à la réalité de la Matrice, nous perdons la liberté de mettre un terme à ce qui nous déshonore.

Quatrième chakra : Cœur ✪ L'amour ✪ Archétype : l'Amoureux enchanté

Par le quatrième chakra, nous apprenons à nous aimer nous-mêmes. Quand le chakra du cœur est en santé, nous avons de la compassion pour nous-mêmes et nous sommes capables de nous pardonner. Nous nous soucions des conséquences de notre comportement sur notre famille, nos partenaires, nos collègues de travail, nos amis, et nous désirons les atteindre d'une façon positive. Si le chakra du cœur est bloqué, nous avons tendance à être durs envers nous-mêmes et à nous juger sévèrement. Quand le chakra du cœur est déséquilibré, nous obéissons à la croyance de la Matrice qui veut que ce soit bien de donner de l'amour, mais non d'en accepter, ce qui nous fait perdre la liberté d'intimité.

Cinquième chakra : Gorge ✪ La vérité ✪ Archétype : le Libérateur

Par le cinquième chakra, nous exprimons ce que nous sommes. Quand ce chakra est en santé, nous sommes capables de dire exactement, sans compromis ni jugement, ce que nous pensons et ressentons. Nous comprenons le pouvoir de nos paroles, et communiquons avec intégrité. Si le chakra de la gorge est bloqué, nous avons de la difficulté à exprimer nos désirs et nos sentiments. Nous parlons en fonction des mots et des sentiments considérés comme acceptables par la Matrice. Nous abandonnons notre pouvoir de négocier pour obtenir ce que nous désirons et nous nous rendons au pouvoir du système.

Sixième chakra : Troisième œil ✪ La clarté ✪ Archétype : le Chercheur

Par le sixième chakra, nous voyons qui nous sommes. Quand ce chakra est en santé, nous voyons notre monde tel qu'il est. Nous voyons comment nous avons participé à la création des circonstances qui nous entravent. Si ce chakra est bloqué, nous voyons le monde avec les yeux d'une victime et de la dualité, c'est-à-dire du bien et du mal, du bon ou du mauvais. Quand il est déséquilibré, nous voyons le monde à travers les systèmes de croyances de la Matrice plutôt qu'à travers la liberté de notre perception et de notre imagination.

Septième chakra : Couronne ✪ La connexion divine ✪ Archétype : l'Ange

Par le septième chakra, nous nous sentons connectés à notre être profond et à une source supérieure. Quand notre septième chakra est en santé, nous ne nous sentons jamais séparés de nous-mêmes ou de notre sagesse divine. Quand il est bloqué, nous sommes incapables de nous connecter à notre connaissance intérieure et à l'énergie divine de la création. Nous perdons le sentiment de collaborer activement à la cocréation de notre monde.

Le système des chakras ressemble à celui des cinq éléments sous l'aspect suivant : tous les chakras sont interconnectés et se soutiennent mutuellement, et chacun agit sur les autres. Par exemple, lorsque nous ressentons le monde comme un lieu sûr par le premier chakra (racine), cela soutient le deuxième chakra (sacré), de sorte que le monde devient un lieu sûr pour que nous prenions soin de nous-mêmes. Ce faisant, il nous est alors possible de défendre nos croyances par notre troisième chakra (plexus solaire) et nous nous sentons libres d'être des individus. En nous affirmant ainsi, nous nous valorisons et nous nous respectons davantage, suscitant un profond amour pour nous-mêmes, ce qui soutient le quatrième chakra (cœur). En nous aimant et en prenant soin de nous-mêmes, nous pouvons dire aux autres, par le cinquième chakra (gorge), ce dont nous avons besoin. En exprimant nos besoins, nous pouvons voir, par le sixième chakra (troisième œil), ce que nous désirons vraiment. Partant, nous savons que nous sommes connectés à la source divine (par le septième chakra, ou couronne) et nous pouvons manifester notre propre réalité.

En outre, puisque chaque chakra est relié aux autres et agit sur ces derniers, les croyances contraignantes emmagasinées dans les chakras inférieurs affectent celles des chakras supérieurs. Par exemple, si mon premier chakra (racine) contient une peur de survivre, cela peut se traduire dans le quatrième chakra (cœur) par une incapacité d'ouvrir mon cœur aux autres ainsi qu'à moi-même ; dans le cinquième chakra (gorge), par une incapacité de demander ce dont j'ai besoin pour survivre ; dans le sixième chakra (troisième œil), par une vision du monde marquée par la pénurie ; et dans le septième chakra (couronne), par la perte de la capacité de créer mon monde comme je le désire.

Puisque la Matrice exerce une plus forte emprise sur les trois chakras inférieurs, les croyances et les schèmes qui y sont emmagasinés doivent être éliminés pour que nous accédions à la sagesse des chakras supérieurs. Dès que les croyances nuisibles sont évacuées des chakras inférieurs, notre énergie peut entrer dans le chakra du cœur et nos liens avec la Matrice peuvent être rompus.

S'installer dans son cœur

C'est en observant la croissance et l'évolution de mes petits-enfants que j'ai découvert plusieurs des schèmes qui composent la carte de route menant aux épisodes inscrits dans notre ADN. Ils m'ont fait comprendre, entre autres, que lorsque nos trois chakras fondamentaux demeurent exempts de croyances nuisibles, nous nous installons naturellement dans notre cœur, où a lieu toute transformation.

Contrairement à plusieurs d'entre nous qui ont été élevés dans la commune croyance qu'il faut laisser pleurer les enfants pour ne pas les gâter, mes filles ont élevé les leurs de façon que leurs premiers chakras reposent sur une forte base de sécurité. Ces enfants sont nourris, pris et changés quand ils le veulent. Lorsque nous avons réalisé, dans la famille, que mes filles soutenaient ainsi le premier chakra de leurs enfants, nous avons tous décidé de tenter une expérience. Nous avons convenu de soustraire les enfants le plus possible à l'influence contraignante de la Matrice en leur évitant toute mauvaise opinion d'eux-mêmes et en empêchant toute influence étouffant leur expression de soi de se programmer dans leur ADN et leurs chakras.

Un certain jour de Noël, alors que trois de mes petits-enfants se trouvaient en visite chez nous, nous pouvions voir facilement, par leur comportement, sur quels chakras ils se concentraient.

Mon petit-fils de quatre mois, Stryder, développait son premier chakra. Ce dernier étant lié à la survie, l'enfant était surtout intéressé par la nourriture, l'affection et le changement de couches. Quand ses besoins de base (chakra racine) étaient satisfaits, il était heureux. Il nous fut facile de préserver Stryder des influences de la Matrice en faisant tout pour qu'il se sente en sécurité dans le monde extérieur.

Notre petit-fils Ethan, qui avait à peine un an, avait été élevé tout comme Stryder, et son premier chakra était donc bien établi. Il était rendu au deuxième, qui est lié au soin et au sentiment. Nous faisions en sorte que la maison soit le plus sûre possible afin qu'Ethan puisse explorer son nouvel univers sans craindre de se faire mal. Il mettait des objets dans sa bouche et nous le laissions exprimer pleinement ses sentiments. Nous n'avons pas, pour la plupart, été élevés ainsi. On nous disait que les garçons ne devaient pas pleurer et on nous interdisait de mettre des objets dans notre bouche. Nous avons presque tous appris qu'il était égoïste de s'occuper de soi-même et qu'il fallait d'abord prendre soin des autres. Mais quand on n'a pas le droit de ressentir, ni de sentir ses propres besoins, le développement du deuxième chakra en souffre. Nous devenons insensibles. En fait, la fermeture du deuxième chakra peut causer des dépendances. Et une dépendance, que ce soit à quelqu'un, à la drogue, à l'alcool, à un aliment ou à autre chose, n'est qu'une tentative pour ressentir. Nous avons donc laissé Ethan développer son deuxième chakra sans lui imposer la fausse croyance qu'il n'est pas bon de ressentir ou de prendre soin de soi.

Alex, notre troisième petit-fils, venait d'avoir trois ans et il était rendu à son troisième chakra, celui du plexus solaire, lié à l'individualisme. Alors qu'il nous était relativement facile de garder ouverts les chakras de Stryder et d'Ethan, nous n'étions nullement préparés aux difficultés posées par le troisième chakra. Alex voulait tout faire à sa façon. Il disait toujours non et se montrait agressif dans sa recherche de ce qu'il désirait.

Notre culture ne sait pas vraiment s'accommoder des individus. Nous avons presque tous été élevés avec la consigne suivante : « Conformez-vous et adaptez-vous. » Dans le cas d'Alex, notre défi consistait donc à lui fournir la sécurité nécessaire tout en s'arrangeant pour qu'il ne se sente jamais « méchant » s'il faisait quelque chose d'inacceptable. Nous fûmes mis à l'épreuve lorsque survint un affrontement entre lui et Ethan. Ce dernier en était au stade de l'exploration, et il était très attiré par Alex – surtout par ses jouets. Quand il s'approchait trop d'Alex, celui-ci, au stade de l'individualisme, le repoussait. Alors que nous étions tous assis en cercle, Ethan s'approcha encore d'Alex, qui, avant même que nous ayons pu intervenir, poussa fortement son cousin, lequel tomba sur le sol. Le père d'Alex, oubliant pour un moment notre expérience, attrapa son fils et lui dit : « Je ne t'aime pas quand tu agis comme ça ! »

Alex retint son souffle. Il n'avait jamais entendu de telles paroles et n'avait jamais vécu de situation où on ne l'aimait pas parce qu'il avait fait quelque chose. Nous retenions tous notre souffle également, nous demandant si notre expérience pouvait réellement fonctionner. Le père d'Alex se rendit compte très vite de ce qu'il avait fait. S'agenouillant près de son fils, il lui dit : « Je ne voulais pas dire que je ne t'aime pas. Ce que je veux dire, c'est que j'ai peur qu'Ethan se fasse mal quand tu le pousses comme ça et que j'aimerais que tu trouves une autre façon de réagir quand il s'approche de tes jouets. » Alex recommença à respirer et répliqua à son père : « Je ne veux plus jamais que tu cries comme ça après moi. » Puisqu'il était capable d'exprimer ses désirs et son individualisme, nous savions que son troisième chakra était toujours ouvert.

Notre patience fut encore mise à rude épreuve alors que nous cherchions des moyens de garder Alex à l'abri de la Matrice tout en préservant son individualité. Ma mère pensait que nous devions abandonner l'expérience et retourner aux vieilles méthodes de discipline, mais nous avons décidé de poursuivre. Au cours des six mois suivants, nous vîmes Alex atteindre des sommets d'individualisme. Durant cette période, que nous avons appelée « la Rébellion d'Alex », cet enfant posa énormément de difficultés à la maternelle car il n'aimait pas partager. Il en résulta que sa mère perdit de nombreuses amies parmi les mères des autres enfants. Puis, un jour, lorsqu'elle vint chercher Alex à la maternelle, l'enseignante lui dit qu'il s'était passé quelque chose d'incroyable. Ce jour-là, quand Alex était arrivé en classe, il s'était empressé de voir à ce que chaque enfant ait quelque chose pour jouer. À l'heure du lunch, il avait servi tout le monde avant lui-même. Personne n'en croyait ses yeux.

C'était exactement le résultat que nous espérions si les trois premiers chakras d'Alex demeuraient exempts des influences de la Matrice. *Il s'était installé dans son cœur*. Toujours fortement individualiste, il avait cependant une assise dans son cœur. Nous reçûmes notre plus belle récompense lorsque ses parents assistèrent à la rencontre de bilan entre parents et professeurs. L'enseignante dit qu'elle avait programmé à la toute fin de la réunion le bilan d'Alex parce qu'elle savait qu'elle pleurerait en le dévoilant. Elle leur affirma que jamais, de toute sa vie d'enseignante, elle n'avait vu un enfant qui sût autant que leur fils qui il était, et qui prît la vie autant à cœur. « Quand il crée quelque chose en classe, il ne le fait pas pour obtenir l'approbation des autres, mais pour se dépasser, leur dit-elle. C'est un individu fort qui partage maintenant son talent avec les autres dans la joie et la beauté de son cœur. »

La plupart d'entre nous n'ont pas eu la permission de développer leur individualité. On nous laissait entendre que si nous voulions survivre, nous devions nous adapter et nous conformer aux règles de la société. Ce qui est arrivé à Alex témoigne que nous pouvons tous nous installer dans notre cœur quand nos trois premiers chakras sont exempts des programmes de la Matrice et que nous sommes libérés des fausses croyances dont nous avons hérité et auxquelles nous nous accrochions. Au cours de mon travail sur l'ADN, une grande partie de ma tâche a consisté à faire rentrer chez lui le véritable individu qui vit en chacun de nous, et ce, afin que nous puissions accéder aux merveilles de notre cœur.

L'élimination de ce qui fait obstacle à l'expression positive de soi

À cause de la manière dont nous avons été élevés, il nous faut faire un peu de rattrapage pour pouvoir dépasser nos schèmes contraignants et nous installer dans notre cœur. J'ai découvert que, typiquement, le processus est différent pour les hommes et pour les femmes. Quand une fille naît et que l'on coupe son cordon ombilical, son premier chakra se connecte à la terre et elle se trouve alors au stade que j'appelle celui de l'innocence. Vers l'âge de la puberté, avec le premier cycle menstruel, la jeune fille s'installe énergétiquement dans son deuxième chakra, lié au soutien et à la création. Pour un temps, elle se sent merveilleusement bien et elle aime s'occuper des autres. Quand, même adulte, j'étais à ce stade du deuxième chakra, j'avais toujours assez de plats, de gâteaux, de tartes et de biscuits au congélateur pour nourrir toute une armée, de sorte que quiconque passait chez nous se sentait choyé. J'aimais m'occuper de la maison et des enfants, et j'adorais soutenir mon mari.

À la ménopause, mon énergie se concentra dans mon troisième chakra, celui du plexus solaire, lié à l'apport de notre travail dans le monde. Comme je l'ai raconté plus haut, je perdis soudain tout intérêt à m'occuper des miens. Je sentais que je devais réaliser certains de mes désirs. Cela créa tout d'abord de la tension dans notre couple, mais, par bonheur, mon conjoint était disposé à m'appuyer dans cette entreprise. Nous avons créé entre nous une nouvelle relation où je poursuivais davantage mes aspirations. Nous nous sommes soutenus mutuellement.

Pendant cette même période, je travaillais pour une compagnie qui présentait des séminaires sur la croissance personnelle. J'y avais un homme pour partenaire. Quand nous avons commencé à travailler ensemble, j'étais toujours au stade du soutien et je voulais donc soutenir les autres, y compris lui. Cela fonctionna pendant un moment. Puis je passai à mon troisième chakra et commençai à concevoir de nouveaux programmes, dont l'un était destiné à aider les femmes à traverser tous les stades de la vie. Mon partenaire n'était cependant pas intéressé. Un jour, alors que nous partagions un repas avec un groupe de femmes psychologues, à Houston, au Texas, l'une d'elles me demanda si nous allions réaliser bientôt ce programme sur les stades de la vie des femmes. Mon partenaire lui répondit qu'il dirigerait ce séminaire. Toutes les femmes présentes se mirent alors à rire en disant que c'était moi qui devrais le diriger. Le lendemain, il me congédia. Il ne savait plus qui j'étais ni comment gérer cette modification de notre relation. Mon indépendance lui faisait peur. À l'époque, j'étais atterrée, mais, heureusement, je restai concentrée sur ce chakra et ne rentrai pas dans mon ancien rôle.

À ce stade de leur existence où les femmes veulent affirmer leur indépendance, elles ont souvent peur que l'homme qui partage leur vie les quitte pour une femme plus jeune, plus dévouée envers lui (et parfois il le fait). En conséquence, plusieurs femmes ne s'élèvent jamais au niveau de leur troisième chakra, de peur d'être rejetées, et n'apportent donc jamais au monde leur lumière. Afin de vaincre cette peur et de nous développer pleinement, nous devons identifier les programmes désuets inscrits dans nos chakras (tout comme dans notre ADN) et les éliminer.

Pour les hommes, le processus est différent. À cause de la programmation générale qui a lieu dans notre culture, ils ont tendance à passer directement de leur premier chakra au troisième, en sautant le deuxième. Si jamais ce dernier s'ouvre et que l'archétype du nourricier s'avive, ils se mettent à prendre soin des autres. Quand Steve commença à développer son deuxième chakra, je n'étais pas préparée à cette modification de notre relation, comme je l'ai relaté plus haut. Jusque-là, il s'était parfaitement acquitté de l'aspect financier de notre vie. Puis soudain il désirait demeurer au foyer et assumer davantage le rôle de père nourricier. Cela me faisait peur car je craignais qu'il ne veuille plus soutenir financièrement notre famille et que nous manquions du nécessaire. En nous adaptant à nos nouveaux rôles respectifs, nous avons découvert que nous pouvions croître, évoluer et nous soutenir mutuellement de diverses autres façons. Comme dans le cas de Steve, nous avons découvert que les individus se servent beaucoup plus efficacement des aptitudes qu'ils ont développées toute leur vie s'ils réussissent à investir leur deuxième chakra et à l'équilibrer.

Maintenant que Steve a rééquilibré son deuxième chakra, il applique l'aspect maternel de cette énergie dans tous les secteurs de sa vie. Dans le monde des affaires, il dirige notre compagnie avec un grand succès, combinant ses talents d'homme d'affaires et sa propension à s'occuper gentiment de chacun des membres de notre équipe en répondant à leurs besoins. Il est le meilleur des partenaires, le meilleur des pères et des grands-pères, car il sait maintenant user de ses talents avec son cœur. Il est entièrement présent, il écoute les autres avec ouverture et compassion, et il sait en outre utiliser son pouvoir d'action quand c'est nécessaire. De mon côté, tandis que je materne toujours ma famille, j'enseigne et j'apporte mes idées au monde. Si nous n'avions pas reconnu nos besoins respectifs et permis à ces changements de se produire en chacun de nous, notre relation n'aurait pas survécu et nous ne profiterions pas des nombreuses occasions merveilleuses qui se présentent à nous depuis.

Que l'on soit homme ou femme, on a la possibilité d'utiliser l'énergie positive du deuxième chakra (sacré), celle de la création, et du troisième (le plexus solaire), qui soutient cette création. Quand tous nos chakras sont ouverts et dégagés, rien ne fait plus obstacle à l'expression positive de soi à travers eux. L'énergie peut circuler librement et s'exprimer selon son schème originel. Dans ce cas, nous pouvons voir le monde et le célébrer avec les yeux de l'innocence, par le chakra racine ; nous pouvons nourrir et entretenir nos créations par le deuxième chakra ; et, par le troisième, nous pouvons être des individus bien ancrés dans leur pouvoir.

Nous nous sommes soustraits aux jugements de la Matrice. Grâce à cette nouvelle clarté, il nous est maintenant possible d'accéder à la lumière des chakras supérieurs. Plus nos trois chakras de base sont exempts des croyances contraignantes pour l'expression de soi, plus nous pouvons nous aimer et aimer les autres tels qu'ils sont, par notre quatrième chakra (le cœur). Nous pouvons exprimer notre vérité à partir du cinquième chakra (la gorge), voir le monde clairement à partir du sixième (le troisième œil) et nous sentir connectés à toutes choses à partir du septième (couronne).

6

La neutralisation par le pouvoir de guérison du cœur

« Nous créons notre propre réalité. » Vous avez sans doute entendu cette phrase très souvent, mais quel en est donc le sens véritable ? Et comment cela s'accomplit-il ? Cette phrase signifie simplement que nous avons créé nous-mêmes tout ce qu'il y a de merveilleux dans notre vie, tout comme ce que nous ne désirons pas. Tels des aimants, nous attirons à nous les circonstances, les gens et les résultats qui correspondent aux vibrations que nous émettons.

Toute matière est énergie, et l'énergie porte une vibration. Tout ce qui existe sur terre, les êtres animés comme les êtres inanimés, possède une vibration unique. Les roches ont leur vibration, au même titre que les arbres, la terre, et chaque individu. En fait, nous pouvons nous faire reconnaître autant par notre vibration que par notre signature. Si nous émettons une vibration de haute fréquence, nous attirons à nous ce qui porte la même vibration, peut-être la joie, la santé, les bonnes relations ou l'abondance. Si, par contre, nous émettons de basses vibrations, nous attirons à nous des expériences difficiles, tels la colère, la dépression, le remords, la peur, la jalousie ou la détresse.

La vie est agréable quand nous opérons à une haute fréquence vibratoire. C'est ce qui se produit quand tout va bien sans que nous sachions vraiment pourquoi. Avez-vous déjà remarqué que lorsque vous tombez amoureux, tout le reste semble marcher comme sur des roulettes ? Votre voiture fonctionne parfaitement, vos journées de travail s'écoulent sans anicroche et tout va vraiment bien autour de vous. J'appelle « enchantement » ce stade de la relation. Nous devrions vivre constamment à ce stade, mais nous ne le faisons pas, car nous finissons toujours par retomber sous l'emprise de la Matrice. Celle-ci nous fait croire qu'il y a toujours quelque chose qui ne va pas, et nous cherchons alors naturellement ce que c'est, en nous, chez notre partenaire ou dans notre relation. Il en résulte une baisse de notre vibration et la disparition de l'enchantement.

Les vibrations et la santé

Nous pouvons mieux contrôler notre univers si nous apprenons à changer notre vibration, car nous attirons alors à nous une vibration différente. Percy, un jeune garçon que je connais, nous en offre un excellent exemple. Il vit en Angleterre, où sa mère et lui ont assisté à l'un de nos cours avant les attentats terroristes du 11 septembre 2001 à New York. Après la destruction des tours du World Trade Center, un ami de Percy, nommé Oliver, frappa à la porte de chez Percy en pleurant. Il avait quatre ans et vivait juste à côté. Percy lui demanda pourquoi il pleurait. Oliver répondit : « Parce que mon père dit que Dieu n'existe pas si des choses comme ça peuvent arriver. » Comme ils fréquentaient tous deux une école catholique, c'était là une bien mauvaise nouvelle…

Percy prit Oliver sous son aile. « On dirait que tu as une vibration un peu basse, Oliver. On va régler ça tout de suite.

Étends-toi sur le divan. Je veux que tu ressentes cette basse vibration de l'inexistence de Dieu. » Oliver pleura encore un peu en repensant aux paroles de son père. « Nous allons maintenant élever ta vibration, lui dit Percy. Je peux que tu penses à la crème glacée, à la partie de soccer qui s'en vient et à ma fête d'anniversaire ce week-end. » Oliver se réjouit aussitôt en songeant à tout cela. Percy ajouta alors : « C'est bien, tu as maintenant une haute vibration. Tu es guéri. » Puis ils sortirent aussitôt pour aller jouer.

Fondamentalement, Percy comprenait la dynamique réelle de la santé : une vibration élevée suscite la santé, la vitalité et le bien-être, tandis qu'une basse vibration crée le contraire. Nous avons tendance à penser qu'une telle transformation ne peut s'accomplir aussi simplement. C'est qu'on ne nous a jamais appris que les perturbations qui surviennent dans notre vie (qu'elles soient de nature physique, mentale ou émotionnelle) sont liées à notre niveau d'énergie. On ne nous a jamais expliqué que si nous gardons notre corps dans une haute vibration énergétique, nous ne tomberons pas malades, ou alors celui-ci se réparera tout seul. Nous n'avons pas appris que lorsque nous opérons à un bas niveau vibratoire, nous nous attirons des expériences qui y correspondent.

En plus de nos propres schèmes vibratoires, les vibrations d'autrui peuvent nous affecter. Quand nous nous trouvons en présence de quelqu'un qui a une basse vibration, nous avons tendance à nous sentir épuisés ou démoralisés. Par contraste, quand nous sommes en présence d'une personne ayant une haute vibration, nous nous sentons joyeux et nous évoluons. La guérison a pour but d'élever notre taux vibratoire et celui des autres. C'est ainsi que nous changerons le monde, un individu à la fois.

Les schèmes d'interférence énergétique

Nous avons tous un plan inhérent de bien-être et d'abondance. La maladie n'est évidemment pas notre état d'être naturel. On peut la concevoir comme une condition dans laquelle notre taux vibratoire est en déséquilibre avec la fréquence harmonieuse, naturelle, de notre corps et de notre champ énergétique. En bref, les cellules d'un corps en santé ont une haute vibration et celles d'un corps malade ont une basse vibration.

Le pouvoir des pensées de basse ou haute vibration

Les hautes vibrations favorisent la santé et le bien-être tandis que les basses vibrations ont l'effet contraire. Quand deux vibrations se rencontrent, elles créent un nouveau schème d'énergie. Notre émotion naturelle de joie, par exemple, est une haute vibration. Si nous laissons quelque chose nous contrarier, un second schème, de basse vibration, entre en scène. L'interaction de ces deux vibrations produit dans notre ADN un schème de vibration inférieure. La guérison a pour but d'élever notre taux vibratoire et celui des autres.

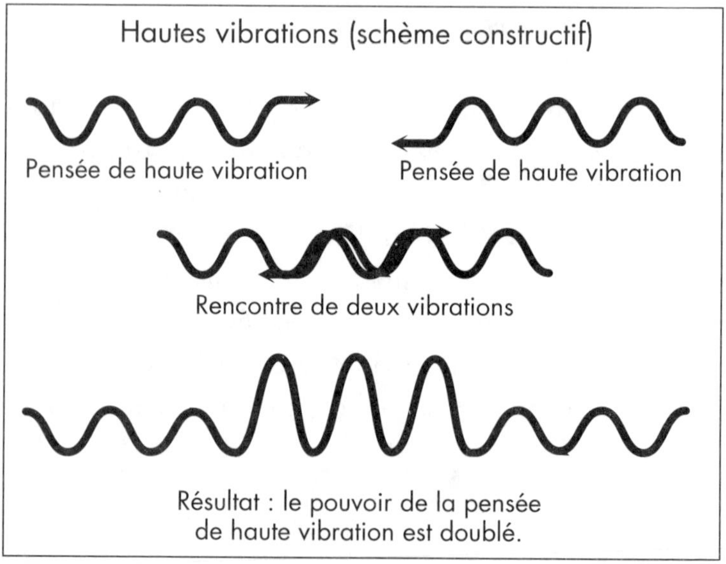

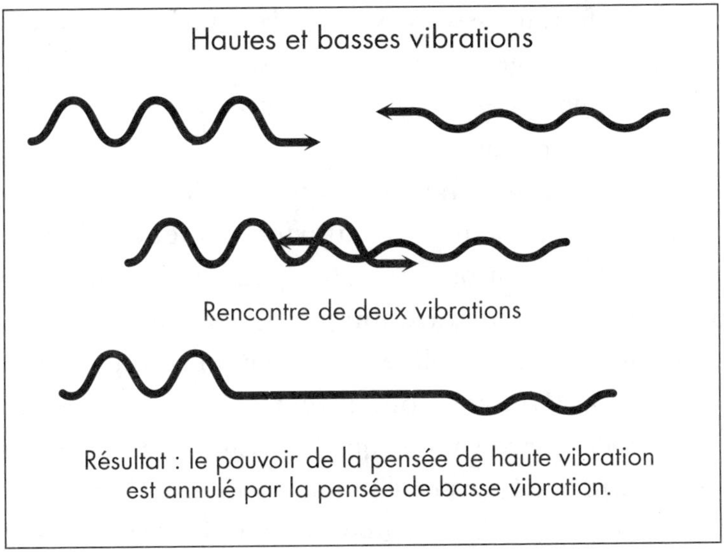
Hautes et basses vibrations
Rencontre de deux vibrations
Résultat : le pouvoir de la pensée de haute vibration est annulé par la pensée de basse vibration.

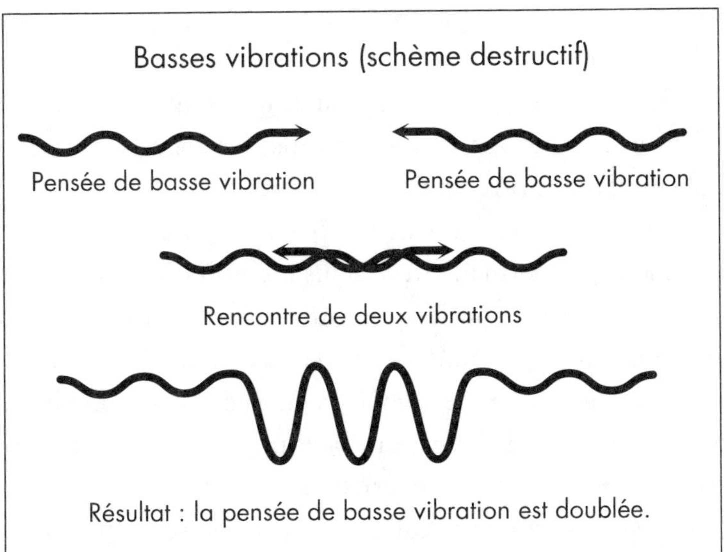
Basses vibrations (schème destructif)
Pensée de basse vibration
Pensée de basse vibration
Rencontre de deux vibrations
Résultat : la pensée de basse vibration est doublée.

Sous sa forme parfaite, l'ADN possède une haute vibration. Nos émotions négatives et nos peurs forment une longue et lente vibration. Deux vibrations ne peuvent être au même endroit en même temps. Par conséquent, quand nous laissons entrer une longue et lente (ou basse) vibration dans notre champ énergétique, elle se mélange à la haute vibration de l'ADN parfait et la transforme. Il en résulte un abaissement de la vibration totale de notre champ énergétique.

Deux ou plusieurs ondes d'émotion déphasées qui s'interpénètrent créent un schème d'interférence énergétique. Par exemple, notre émotion naturelle qu'est la joie possède son propre schème ondulatoire unique. Quand survient quelque chose qui nous met en colère, il se crée un second schème, de basse vibration. L'interaction entre ces deux schèmes crée un schème d'interférence énergétique de basse vibration dans notre ADN, de sorte que la basse vibration déforme et change la vibration de l'ADN originel. Si cette basse vibration est entretenue, le défaut se propage et finit par compromettre notre système immunitaire, ce qui provoque la maladie ou un déséquilibre émotionnel. Autrement dit, les basses vibrations peuvent rendre défectueux un plan génétique parfaitement sain. D'un autre côté, quand nous accélérons nos vibrations, les basses vibrations ne peuvent distordre notre ADN.

Nous ne pouvons cependant pas rétablir nos hautes vibrations d'une façon permanente si nous n'éliminons pas ce qui cause les basses vibrations, soit les programmes qui nous ont été transmis par notre lignage familial. En réalité, les faiblesses, à quelque niveau que ce soit, sont des schèmes énergétiques d'une basse fréquence qui sont maintenus en place par des croyances contraignantes. Les systèmes de croyances erronés troublent les vibrations saines de nos cellules et sont la cause de tous les déséquilibres physiques et émotionnels. La maladie ne commence donc pas dans le corps physique, mais avec la vibration de nos croyances, celles qui nous ont été transmises et celles que nous choisissons d'entretenir. De la même façon, la guérison ne commence pas quand nous regardons les effets de la maladie, mais quand nous travaillons sur sa vibration.

Voilà pourquoi, pour guérir ou changer votre vie, vous devez d'abord découvrir les croyances contraignantes que vous entretenez, souvent à votre insu. Il vous faut trouver l'épisode de basse vibration qui vous fut transmis génétiquement par vos ancêtres et qui a créé dans votre ADN ce schème d'interférence causant une perturbation de basse vibration dans votre monde physique ou émotionnel. Quand cette basse vibration est neutralisée et éliminée, le schème destructif est transformé en schème constructif, ce qui permet au corps de retrouver rapidement son plan inhérent de bien-être.

Parfois, nous portons en nous certains schèmes pendant tant d'années que nous ne croyons pas pouvoir nous en débarrasser facilement. En fait, comme tout ce sur quoi nous travaillons est énergie et vibration, il importe peu que nous ayons porté ces schèmes pendant longtemps ou que les épisodes qui les ont créés soient très anciens. Les vibrations peuvent changer instantanément ; et dès qu'une vibration change, les schèmes de l'ADN changent également.

Un jour, un guérisseur expérimenté me demanda si nous avions vraiment besoin d'accéder aux épisodes inscrits dans notre ADN pour guérir ou s'il suffisait d'accéder à la vibration de la perturbation. Je lui expliquai alors que, d'après mon expérience, nous devions, pour guérir, enlever la vibration perturbatrice créée par nos expériences vécues et par celles de nos ancêtres. L'identification de ces épisodes nous aide à nous connecter au sentiment ou à l'expérience de ce qui s'est produit. L'épisode nous met en contact avec la vibration de l'événement qui a originellement établi le schème d'interférence énergétique dans notre ADN. Bien que toute guérison soit finalement accomplie par la vibration, il peut être difficile, quand on s'engage dans l'autoguérison, de s'harmoniser avec les bonnes vibrations. La découverte, par le processus d'autoguérison, des épisodes inscrits dans notre ADN facilite cette tâche. En identifiant notre épisode ancestral et en comprenant comment il affecte notre vie, nous nous connectons au sentiment de cet épisode (à sa vibration). Le sentiment du schème d'interférence à l'origine de l'épisode inscrit dans notre ADN est la vibration exacte qui doit être éliminée par le processus de guérison.

Ramener l'énergie à son état naturel

L'identification des systèmes de croyances sous-jacents à la maladie (en utilisant les nombres et les archétypes comme je l'ai expliqué au chapitre 4) ne constitue que la première étape du processus d'autoguérison de l'ADN. Avant de pouvoir guérir et de pouvoir manifester les désirs de notre cœur, nous devons aussi éliminer le schème contenu dans notre programmation génétique et qui est à l'origine de la perturbation qui nous affecte, ainsi que modifier la charge émotionnelle qui alimente ce schème. J'appelle ce processus « neutralisation ». Aucune guérison n'est durable sans la neutralisation. Si nous continuons à porter en nous la vibration des schèmes de croyances contraignants, nous continuerons à reproduire ces mêmes schèmes nuisibles. Pour nous en libérer, nous devons d'abord neutraliser l'énergie qu'ils recèlent.

Sous sa forme naturelle, toute énergie est neutre. En soi, l'énergie n'est ni bonne ni mauvaise. Elle n'est pas sélective ; elle va simplement où nous la dirigeons. L'énergie d'une réaction nucléaire peut servir à produire de l'électricité ou à créer une bombe atomique. Qu'est-ce qui détermine la forme que prend notre énergie ? L'intention. L'énergie prend la forme de nos intentions, de nos paroles, de nos pensées, de nos émotions et de nos croyances, créant ainsi notre environnement et notre réalité intérieure.

Lorsque nous voyons le monde avec les yeux de la colère, par exemple, nous commençons à y vivre des expériences dominées par la colère, et cette vibration attire dans notre vie des personnes en colère. Les schèmes négatifs présents en nous n'affectent pas seulement notre champ énergétique, mais aussi les champs énergétiques qui nous entourent. Si nous ne changeons pas cette émotion de colère, notre code génétique demeurera tel qu'il est et nous reproduirons sans cesse le même schème. Le processus de neutralisation brise ce cercle vicieux. La neutralisation modifie la charge émotionnelle de l'énergie en la ramenant à l'état neutre. Quand c'est fait, nous pouvons rediriger l'énergie afin de manifester un nouvel état d'être. La clé de ce processus visant à ramener l'énergie à son état neutre naturel consiste à provoquer un changement de direction du cœur. Quand on sait comment travailler sur l'énergie du cœur, la neutralisation et la transformation ont lieu facilement.

Le pouvoir de guérison du cœur

Au centre de notre être se trouve l'espace sacré du cœur. C'est là que toute transformation a lieu, que tous les vieux souvenirs et les vieux schèmes perturbateurs peuvent être neutralisés. Quand nous sommes centrés sur notre cœur, nous ne cherchons pas de réponses à l'extérieur de nous-mêmes et nous ne suivons pas la volonté de quelqu'un d'autre lorsque nous décidons de ce qui est bon pour nous. En puisant dans l'énergie de notre cœur, nous créons une voie de vitalité où nous pouvons réagir avec compassion aux besoins du moment plutôt que de nous appuyer sur des croyances formées dans le passé pour porter des jugements. La neutralité et l'équilibre parfait du cœur nous permettent de dépasser les jugements pour voir les plus vastes possibilités s'offrant à nous.

Pour mieux comprendre comment cela fonctionne, revenons à l'exemple illustrant ce qui se passe lorsque nous tombons amoureux pour la première fois. Quand nous sommes enchantés par chaque pensée et chaque action de l'être aimé, nous le voyons avec les yeux du cœur et percevons sa véritable essence. Sans les filtres du jugement et de la dualité, nous voyons cette personne telle qu'elle est vraiment. Bien que nous nous efforcions désespérément de conserver ce sentiment – car il nous rappelle notre propre majesté inhérente –, nous laissons le plus souvent s'immiscer en nous le jugement de ce que nous sentons être bon ou mauvais et nous perdons de vue le plus grand potentiel de l'autre personne. Nous sommes alors incapables d'entendre le langage secret du cœur, celui de la perfection, n'entendant désormais que celui de nos croyances.

Tant que nous voyons la vie à travers le filtre de nos expériences passées et que nous entretenons des attentes fondées sur ces expériences, nous avons de la difficulté à trouver notre chemin dans le labyrinthe. Quand notre cœur change de direction, toutefois, nous acquérons ce que j'appelle la « perception de l'innocence », qui nous permet de percer le voile de la dualité et de l'illusion pour voir une nouvelle réalité au-delà de nos limites et de nos jugements.

L'élimination de nos jugements est cruciale pour modifier notre ADN. Nous pouvons tenter de mettre nos émotions de côté, de les étouffer, mais cela ne les change pas car leur schème vibratoire est toujours là. Pour modifier notre ADN, nous devons passer d'un état de charge émotionnelle à un état où le jugement qui a originellement créé cette émotion n'existe plus, de sorte que cette dernière ne peut plus être déclenchée. L'accession à l'espace de notre cœur nous donne ce pouvoir en nous faisant entrer dans un état de compassion et d'amour, avec un détachement complet de la situation.

Le pouvoir de guérison du cœur n'a rien de théorique. Les chercheurs de l'institut HeartMath ont démontré que le champ d'énergie du cœur exerce des effets mesurables sur les autres processus corporels, sur notre fonctionnement physiologique, sur notre ADN (comme je l'ai mentionné au chapitre 1) et même sur les membres de notre entourage. Ces chercheurs ont démontré que « les rythmes du cerveau se synchronisent naturellement sur l'activité rythmique du cœur et que, lorsque l'on entretient des sentiments d'amour ou d'appréciation, la pression sanguine et le rythme respiratoire, entre autres systèmes oscillatoires, adoptent le rythme cardiaque[1] ».

En outre, leur recherche a établi que les émotions positives, tels l'appréciation et l'amour, sont associées à des schèmes de rythme cardiaque réguliers, ordonnés, cohérents, et que les émotions négatives, telles la frustration et la colère, correspondent à des schèmes désordonnés, erratiques, incohérents. De nouvelles recherches portent à croire, disent-ils, que « le champ du cœur est directement impliqué dans la perception intuitive[2] ». En évoquant des recherches antérieures effectuées à l'institut HeartMath, Richard Gerber écrivit dans son ouvrage qui a fait date, intitulé *Vibrational Medicine* [La médecine vibratoire] : « Il semble que l'amour soit une réelle force énergétique et non un simple catalyseur de l'action, de la transformation et de la guérison[3]. »

Au cours de mon propre travail, j'ai découvert que l'amour est la principale force de guérison. Quand nous nous centrons sur notre cœur et que nous accédons consciemment à son rythme et à son énergie pour effectuer la guérison, nous établissons un champ harmonique qui rééquilibre tout.

Créer un changement de direction du cœur

La technique de neutralisation du processus d'autoguérison de l'ADN évoque le potentiel de guérison du cœur. Elle nous permet d'effectuer un changement dans le cœur de manière à abandonner le schème qui ne nous sert plus. En apportant ce changement, nous voyons le vieux schème sous un autre angle. Peu à peu, nous nous rendons compte que ce schème, si mauvais, si douloureux et si perturbateur soit-il, nous était encore utile d'une certaine façon. Que tous ceux qui étaient impliqués dans ce schème étaient en quelque sorte des enseignants présents dans notre vie pour éveiller quelque chose en nous et nous faire évoluer. Peut-être représentaient-ils ce dont nous ne voulions pas dans notre existence ou ce que nous ne voulions pas devenir. La douleur qu'ils ont créée dans notre vie nous a peut-être aidés à éveiller notre compassion, notre indulgence ou notre compréhension des autres ou de nous-mêmes. Autrement dit, ils nous ont aidés à devenir ce que nous sommes aujourd'hui. Pour que la neutralisation puisse avoir lieu, nous devons reconnaître la leçon que nous a procurée le vieux schème et changer de perspective afin de considérer comme un don pour notre évolution cette perturbation ou les gens qui lui sont associés.

Voici quelques exemples des dons reçus à partir de nos difficultés. La souffrance éprouvée dans notre enfance lors de la perte d'un parent peut nous amener à ouvrir notre cœur aux autres personnes qui subissent une perte semblable. Elle peut nous aider à devenir compatissants. Les gens battus ou abusés dans leur enfance s'éveillent souvent au don de l'empathie et gagnent la capacité d'évaluer si une situation est dangereuse ou non. Ceux qui avaient de la difficulté à s'affirmer apprennent souvent la souplesse et l'adaptabilité. Ceux qui recouraient au contrôle pour éviter d'être blessés développent souvent l'autorité et la volonté. Ceux qui préféraient demeurer à l'arrière-plan parce qu'ils craignaient d'être critiqués gagnent la capacité de prendre du recul pour voir l'ensemble d'une situation. Ceux qui évitaient de faire des vagues pour éluder les conflits ont peut-être maintenant le don de créer l'équilibre et d'apporter un règlement à une situation.

En reconnaissant que chaque schème a rempli une fonction (bien qu'il ait peut-être désormais fait son temps), nous pouvons voir la vieille souffrance sous un angle différent, ce qui facilite l'abandon des vieux schèmes. Puisque c'est dans le cœur que vibre toute énergie dans un état neutre d'amour et de calme profond, c'est à partir du cœur qu'il s'avère possible de voir les vieux schèmes sous cet angle nouveau et de les ramener à leur état originel, naturel, d'amour.

Entrer dans notre espace sacré du cœur nous permet aussi de créer une autre composante essentielle de la guérison : le pardon. Si nous sommes incapables de pardonner, cela signifie que nous avons adopté une position établie sur quelque chose que nous ne comprenons pas entièrement. Quand nous retenons le pardon, nous créons un fardeau sur le cœur, qui porte alors le poids du chagrin et de la perte dus à l'abandon et à la trahison que nous conservons en nous. Plusieurs d'entre nous ont une fausse conception du pardon. Pardonner à quelqu'un ne veut pas dire que nous avons eu « tort » et que l'autre personne a eu « raison » dans une certaine situation, ou que nous lui cédons en renonçant à nos principes. Cela ne veut pas dire non plus que nous faisons preuve de faiblesse. En fait, le pardon renforce le cœur. Cela signifie que nous désirons trouver une solution à la situation et nous soulager d'un fardeau.

Quand nous sommes dans notre espace sacré du cœur, où règne l'amour neutre et inconditionnel, nous créons un nouvel environnement où il n'est plus difficile de pardonner. Comme nous le verrons au chapitre 8, le processus d'autoguérison de l'ADN nous aide d'abord à découvrir le don que les gens associés à la perturbation ont instillé en nous. Ensuite, il nous aide à cultiver le changement spécifique du cœur qui nous permettra de voir le vieux schème sous un angle nouveau. Puis il nous amène à pardonner à quiconque nous a fait souffrir, y compris nous-mêmes. Dans notre cœur, nous disons à chaque personne ce que nous ressentons pour elle ou envers la situation, et que nous comprenons que la perturbation survenue entre nous provient de vieux schèmes transmis par notre lignage ancestral. Nous lui disons que nous voyons comment cette perturbation nous a donné une force et un talent que nous n'aurions jamais eus sans cette souffrance du passé. Enfin, nous lui disons que nous abandonnons le vieux schème, la souffrance, la blessure, le ressentiment et les jugements, afin de pouvoir tous les deux aller plus loin. Lui dire cela nous fournit l'occasion de recevoir un message de son être supérieur.

Changer notre relation avec nous-mêmes

La technique de neutralisation n'est pas un processus à suivre une seule fois. Nous pouvons l'utiliser à maintes reprises, et ce, pour comprendre de mieux en mieux et guérir plus profondément. J'ai enseigné cette technique durant des années et je la considère toujours comme indispensable pour résoudre les nouveaux problèmes qui surgissent dans ma vie et en tirer une leçon. Par exemple, tout récemment, ma famille s'est réunie pour célébrer l'anniversaire de ma mère. Celle-ci vit en Californie, à l'instar de mes deux sœurs, alors que mon frère et moi vivons dans l'Idaho. Nous ne nous étions pas retrouvés ensemble depuis quelques années et nous avions donc tous hâte de nous revoir. Au début, nous étions tous heureux de devoir passer plusieurs jours ensemble, mais nous finîmes rapidement par retomber dans les vieux schèmes familiaux et reprendre nos anciens rôles, qui étaient toujours en nous après tant d'années. Nous nous remîmes à adopter entre nous les mêmes stratégies que dans notre enfance.

À titre d'aînée, je repris mon rôle d'organisatrice. L'une de mes sœurs réadopta son ancienne stratégie consistant à jouer un rôle moins dominant afin de ne pas faire de vagues. Mon autre sœur recourut à son vieux schème qui lui commandait de se démener pour se faire entendre et reconnaître. Et, encore une fois, mon frère se fit invisible dans le conflit, se contentant de faire de l'humour pour réduire la tension. Je souffris profondément de voir sur leur visage la même vieille douleur, chacun cherchant à définir sa position dans la famille. Par-dessus tout cela, ma mère annonça son intention de quitter la Californie pour venir vivre dans l'Idaho, ce qui renversa totalement la situation. Mes jeunes sœurs se sentirent immédiatement abandonnées, et plus ce sentiment croissait en elles, plus leurs stratégies s'intensifièrent. Bien que je ne fusse pour rien dans la décision de ma mère, mes sœurs me considérèrent comme l'instigatrice. J'eus l'impression de me faire crucifier, puis de ressusciter.

Cette impression de crucifixion n'était pas due au fait qu'elles me blâmaient de leur enlever notre mère, mais plutôt au fait que je n'aimais pas le rôle que je jouais et que je me sentais impuissante à changer la situation. Le sentiment de résurrection provint de ma conscience que cet état, ce vieux schème de croyances quant à mon rôle familial, devait et pouvait passer à un niveau supérieur. Je me rendis compte que le vrai clou qui me retenait à la croix, c'était ma vision de moi-même. Je m'aperçus que le véritable problème de mon frère et de mes sœurs, tout comme le mien, c'était la peur qui avait refait surface parce que le choc causé par la décision de notre mère nous avait tous rendus aveugles aux diverses possibilités. À la place, nous voyions tous la situation à travers nos propres limites.

Je savais bien que, quel que soit notre désir de voir les autres changer, nous n'avons le pouvoir de changer que nous-mêmes. Cela me remit toute la situation entre les mains. Si celle-ci devait changer, il me fallait concentrer mon attention sur ce que je désirais vraiment plutôt que sur ce que je ne voulais pas. Je réalisai que si je neutralisais la situation à l'intérieur de moi-même, je détournerais mon attention de ce monde en bouleversement pour la porter sur un monde en expansion où j'entretiendrais avec mon frère et mes sœurs les relations désirées.

Il fallait tout d'abord que je me pardonne d'être retombée dans le vieux rôle et les vieilles stratégies de mon enfance. Je devais abandonner mes croyances quant à ma position familiale. Ce faisant, je commençai à voir la situation d'un point de vue supérieur et avec compassion. Je sentais la confusion dans le cœur de ma sœur qui avait adopté le rôle moins dominant. Comme elle était une mère forte dans sa propre famille, elle ne comprenait pas pourquoi elle n'avait pas une position de leadership dans sa famille originelle et elle avait l'impression que son frère et ses sœurs la diminuaient. Son soi supérieur me rappelait de rester forte et fidèle aux désirs de mon cœur. Je sentais la douleur de ma cadette et son besoin aigu d'être reconnue et entendue dans une famille de forts tempéraments. Son soi supérieur me rappelait que nous devons d'abord nous entendre et nous comprendre nous-mêmes avant de pouvoir être entendus des autres. Je sentais la douleur de mon frère alors qu'il employait l'humour pour se détacher de la situation. Son soi supérieur me rappelait l'art de l'observation et du détachement.

J'amenai consciemment au centre de mon cœur la situation et les sentiments que cette dernière comportait, et je demandai que les vieux schèmes qui me faisaient souffrir soient neutralisés. Mon frère et mes sœurs pouvaient bien choisir de continuer à jouer leur présent rôle, quant à moi je ne serais plus attachée à leurs limites. J'étais désormais capable de voir la situation avec compassion. J'effectuai consciemment un changement de perspective. Auparavant, quand les stratégies de mon frère et de mes sœurs me heurtaient, je résistais, et ma résistance créait en retour une énergie à laquelle ils devaient réagir. Cette fois, parce que j'avais neutralisé le vieux schème en moi, la résistance de mes sœurs disparut. Elles étaient toujours malheureuses de la décision de ma mère, mais ne réagissaient plus avec colère. À partir de ce moment, nous avons pu discuter de nos sentiments au lieu de simplement réagir.

Quand les émotions d'un schème inscrit dans notre ADN sont déclenchées, nous réagissons au souvenir des sentiments et des émotions de ce schème. Une fois que les sentiments sont neutralisés, il nous est possible, comme tous ceux qui sont impliqués dans la situation, d'aller plus loin au lieu de rester coincés dans un cycle de résistance sans fin. Nous avons tendance à résister parce que cela crée une tension, que nous confondons à tort avec le pouvoir. Nous pensons qu'en résistant nous pouvons exercer une influence. Vous comprendrez facilement comment cela peut se traduire dans le contexte d'une rencontre de comité où le président, présentant des idées qui plaisent à tout le monde, retient ainsi l'attention de chacun. Si quelqu'un veut se faire remarquer ou rompre le fil de la rencontre, il commence à résister et bientôt tout le monde tourne son attention vers lui. Il a sûrement créé une tension par sa résistance, mais il n'a pas créé de pouvoir véritable. La tension et la résistance créent la peur, l'inquiétude, la procrastination, le jugement et le déni. Si nous désirons avancer, nous devons neutraliser notre résistance.

Cette réunion de famille m'enseigna encore une fois, sur un plan plus profond encore, que la prise de conscience d'un problème est la première étape de la guérison, mais qu'elle ne suffit pas pour changer une situation. Si nos relations doivent guérir et évoluer, nous devons d'abord changer notre relation avec nous-mêmes. Il est nécessaire de nous élever au-dessus des limites créées par le problème. Il nous faut cesser de voir le problème à travers nos sentiments réactifs, qui nous donnent l'impression d'être piégés et limités, pour le voir avec compassion. Nous avons à reconnaître que notre cœur peut nous conduire à l'amour inconditionnel qui nous permet d'abandonner nos jugements et de voir la situation d'un regard neuf.

L'amour est la plus haute fréquence vibratoire qui existe, et notre ADN, sous sa forme parfaite, vibre du sentiment de l'amour. Malheureusement, plusieurs d'entre nous ont oublié ce que c'est que de recevoir de l'amour inconditionnel. Ayant appris à donner de l'amour, non à en recevoir, nous sommes durs envers nous-mêmes. Par crainte d'être rejetés, abandonnés, nous nous efforçons constamment d'être bons. Nous adoptons souvent la croyance que nous méritons d'être punis, considérant même la maladie comme une punition. Non seulement nous jugeons ceux qui sont malades et nous nous demandons ce qu'ils ont fait de mal, mais nous nous jugeons aussi nous-mêmes. Quand nous réussissons à dépasser cette croyance contraignante que la maladie ou l'infortune sont « mauvaises », nous sommes alors capables de voir les circonstances sous un jour nouveau. La maladie peut être une source d'enseignement, un moyen de nous aider à nous débarrasser de nos croyances contraignantes. Elle n'est donc jamais une erreur, mais bien plutôt un moyen d'évoluer.

Je crois que nous sommes tous venus sur terre avec un plan grandiose que nous avons établi au ciel avant de nous incarner. Nous avons dressé un plan qui nous permet de croître et d'évoluer à l'école du monde terrestre. Parfois ce plan de vie est si difficile que nous ne pouvons croire qu'il a été établi au ciel ! Et pourtant la maladie a un rôle à jouer dans ce plan. Elle nous signale que nous avons pris une mauvaise direction à un moment donné et qu'il est temps de retrouver le bon chemin. C'est le moyen choisi par le corps pour nous réveiller et nous amener à prêter attention à ce qui ne va pas dans notre vie, à ce qui nous éloigne de la vibration de notre soi parfait.

Quand une maladie survient, elle constitue peut-être un signal nous incitant à nous demander pourquoi cette situation se produit et quelle est la cause de l'aggravation ou du déclenchement de cette maladie. Quel épisode inscrit dans notre ADN est donc incompatible avec la vibration de notre plan parfait de bien-être et d'abondance ? Comment en sommes-nous venus à accepter cette croyance et à la laisser se perpétuer ? Comment a-t-elle pu déterminer nos actions et nos réactions jusqu'à créer une situation qui nous rend malheureux ? La guérison n'est pas uniquement le « réglage » d'un déséquilibre physique, émotionnel et mental. Elle est la compréhension du voyage de la vie et l'acquisition de la capacité à le poursuivre. Elle est liée au maintien de l'ouverture du cœur à toute leçon susceptible de se présenter. Une fois que nous avons compris que notre vie a un but, nous sommes à même d'accepter toutes les leçons qui se présentent comme faisant partie d'un processus positif de croissance, sans nous juger ni juger les autres qui nous apportent ces leçons.

Participer activement à la création de notre propre réalité

Quand nous utilisons les techniques de guérison vibratoires, telle la neutralisation, nous devenons un dirigeant d'énergie. Nous nous connectons au réservoir infini d'énergie de notre Source. Nous commandons au système de communication de notre ADN d'élever la basse vibration d'un schème chaotique à l'intérieur du corps afin qu'elle devienne une vibration de santé. Notre ADN cherche naturellement à vibrer à une haute fréquence, et nous seuls décidons s'il le fait ou non.

Plusieurs personnes sont étonnées d'apprendre que nous sommes tous maîtres de notre santé et des événements de notre vie. La plupart du temps, consciemment ou non, nous abandonnons notre pouvoir aux autres et jouons le rôle de victimes. Les victimes remettent à quelqu'un ou à quelque chose d'extérieur à elles-mêmes le pouvoir de créer leur réalité. Quand nous commençons à considérer les situations désagréables comme des expériences d'apprentissage et que nous reconnaissons avoir le pouvoir de les changer, nous passons de l'état de victime à la participation active à la création de notre propre réalité et au contrôle de notre destinée.

La mission de ma vie est en grande partie d'aider les gens à dépasser l'idée qu'ils doivent chercher des réponses à l'extérieur d'eux-mêmes et de leur apprendre à se guérir. Si je n'étais qu'une guérisseuse, leur guérison dépendrait de moi. Je me considère plutôt comme une éducatrice. Bien que les gens aient parfois besoin de l'aide et du soutien d'un praticien, je les encourage toujours à apprendre à se guérir eux-mêmes, car l'apprentissage de l'autoguérison procure tellement plus de pouvoir. En fait, vous savez déjà comment vous guérir vous-même. Nous le savons tous ; nous l'avons simplement oublié.

La révolution scientifique et les nouvelles découvertes sur l'énergétique de l'ADN nous font abandonner actuellement un vieux système de croyances, celui qui nous incite à chercher la guérison à l'extérieur de nous pour le remplacer par la connaissance intérieure de notre pouvoir de guérir. Au cours des 144 dernières années, la médecine a connu une véritable révolution. Il y a moins d'un siècle et demi, soit pendant la guerre civile américaine, nous avons abandonné la pratique de la saignée et de la purgation. Entre 1860 et 1950, une période que le docteur Larry Dossey a appelée l'ère de la médecine matérialiste ou « physicaliste », la médecine occidentale a développé les principales stratégies de traitement qui sont communément appliquées aujourd'hui, soit les médicaments, la chirurgie et l'irradiation. Elles sont fondées sur les lois de l'énergie et de la matière énoncées par sir Isaac Newton au dix-septième siècle.

Au début du vingtième siècle, la médecine excellait dans le diagnostic, mais elle n'avait pas de remèdes. C'est seulement avec la Deuxième Guerre mondiale que des médicaments et des interventions chirurgicales efficaces sont entrés en pratique. Avant les années 1940, on n'avait pas d'antibiotiques efficaces. Vers la fin des années 1960, l'exploration scientifique de la connexion esprit-corps commença à être plus largement connue. Jusque-là, l'idée que les émotions jouaient un rôle dans le processus de guérison n'était qu'un concept. Les « chakras » et la « médecine énergétique » étaient des étrangetés jusqu'à ces dernières années, alors que Caroline Myss, auteure d'*Anatomie de l'esprit*, fit connaître le mot « chakra » aux millions de téléspectateurs de l'émission d'Oprah Winfrey. On parle maintenant des chakras dans les films et les romans ; ils font désormais partie de notre culture populaire.

Aujourd'hui, les physiciens commencent à dépasser les limites du plan physique. Ils ont séquencé le génome humain et ils considèrent maintenant l'intuition et la conscience comme des facteurs de guérison. Ils en viennent à la conclusion que chacune de nos cellules possède une intelligence intrinsèque qui contrôle notre santé et qu'il nous est possible de diriger l'énergie qui leur indique quoi faire.

De cette révolution est également née l'idée qui est développée dans ce livre, à savoir que notre ADN n'est pas immuable et que nous pouvons le modifier. Si nous croyons que l'ADN est un code fixe, comme le pensaient jusqu'ici les scientifiques, nous n'avons pas d'autre choix que de chercher à l'extérieur de nous des moyens de guérison. Toutefois, si nous sommes ouverts à l'idée que notre ADN peut être modifié et que nous sommes à même d'influencer le fonctionnement de notre propre corps, nous pouvons chercher en nous, plutôt qu'à l'extérieur, le moyen de guérir.

La vieille croyance est toujours dominante dans notre culture. Même que plusieurs personnes ne songent à la guérison que lorsque survient une crise majeure ou qu'elles se sentent trahies par cette vieille croyance. Cela commence souvent à l'approche de la cinquantaine, alors que le système auquel on s'était habitué ne fonctionne plus. On se sent trahi, car tout ce à quoi on a cru et en quoi on a investi nous fait défaut. Cette crise peut prendre la forme d'un divorce, d'un congédiement, d'une rébellion d'un membre de la famille, ou, comme c'est souvent le cas, d'une maladie inattendue, alors que notre corps lui-même semble nous trahir. À ce moment-là, nous ne trouvons pas de réponses où nous en trouvions auparavant. C'est alors le début d'un voyage intérieur.

Notre monde actuel est un lieu désespéré et je sais bien que vous vous demandez comment le rendre meilleur. Vous pouvez d'abord vous guérir. Quand nous sommes guéris, notre vibration change et se propage dans le monde extérieur. Une seule personne vibrant à l'amour peut changer la vibration de centaines de milliers d'individus. En vous guérissant, vous devenez un puissant catalyseur du changement mondial.

7

La manifestation des désirs du cœur par l'imagination et l'intention

Votre avenir n'est pas immuablement préétabli. Il vous est possible de déterminer les futurs événements de votre vie, de créer votre propre destin. Une fois que vous avez reconnu que votre réalité a été déterminée jusqu'ici par vos systèmes de croyances acquis ou innés, et que vous avez identifié et neutralisé les schèmes spécifiques qui vous limitaient, vous êtes prêt à créer votre nouvelle manifestation.

Dans les trois premiers chapitres, j'ai expliqué comment les expériences de nos ancêtres se sont solidifiées en croyances qui se sont ensuite encodées dans leurs gènes et nous ont été transmises. Nous avons examiné comment nos propres expériences et émotions peuvent réveiller les codes dormant dans nos gènes, et nous avons vu comment nous adoptons des règles et des schèmes sociétaux (« la Matrice ») qui ne correspondent pas toujours à notre réalité essentielle. Dans les chapitres 4 et 5, j'ai expliqué de quelle manière nous pouvons identifier rapidement les schèmes appartenant à notre histoire intérieure en utilisant les nombres et les archétypes. Et dans le chapitre 6, j'ai décrit comment nous pouvons neutraliser l'énergie qui nourrit les schèmes contraignants, en nous installant dans le champ de pardon et d'amour inconditionnel du cœur. La neutralisation, qui ramène à l'état neutre l'énergie enfermée ou bloquée, s'apparente au coup de chiffon sur l'ardoise. Elle fait place nette afin que nous puissions refaçonner l'énergie et faire des désirs de notre cœur une réalité. Ce processus est appelé « manifestation ».

Pourquoi la manifestation est-elle importante ? Plusieurs d'entre nous ont des visions inspirantes et sentent qu'ils sont ici pour accomplir quelque chose de grand. D'autres ne font que s'éveiller à cette possibilité. Où que vous en soyez dans votre évolution, vous avez le pouvoir de changer la vie des autres pour le mieux. Vous pouvez éveiller leur conscience en éveillant la vôtre et en recouvrant votre droit de créer votre propre monde, c'est-à-dire de manifester.

La manifestation est l'art subtil d'aligner notre esprit, notre cœur et nos pensées sur la puissante énergie de création. Elle peut adopter plusieurs formes. Nous sommes à même de manifester quelque chose de petit dont nous avons besoin ou quelque chose de grand dont nous avons rêvé. Nous pouvons manifester un corps en santé, une place de stationnement, un rendez-vous, ou l'argent dont nous avons besoin pour régler nos factures ou nous offrir les vacances de nos rêves. La manifestation peut vous procurer l'emploi qui vous convient ou faire apparaître dans votre vie la personne dont vous avez besoin. Il n'y a aucune limite à ce que vous pouvez manifester.

En réalité, vous créez déjà votre propre monde. Vos pensées et vos croyances établissent le canevas sur lequel vous créez, et vos sentiments les « énergisent », magnétisant leur essence de sorte qu'elles se manifestent à vous physiquement. Mieux vous comprendrez comment fonctionne ce canevas, plus vous deviendrez habile dans l'art de la manifestation et plus vous vous ouvrirez à ce monde plus vaste que plusieurs appellent le monde de la magie et des miracles. Quand nos manifestations surviennent, nous avons parfois l'impression qu'il se produit de la magie, mais c'est simplement que nous avons appris à utiliser nos pensées et nos sentiments pour diriger notre énergie de façon constructive.

Renforcer les muscles de son imagination

Chacun de nous constitue une puissante force de manifestation. La plupart d'entre nous n'exploitent cependant qu'une infime fraction de leur lumière et de leur puissance. L'imagination et l'intention sont les deux clés aptes à libérer cette puissance. Elles fonctionnent de concert pour guider les puissantes énergies de l'amour en vue de la guérison et de la manifestation. Quand elles fusionnent, tout est possible.

L'imagination se développe dans le cerveau droit, que j'appelle l'œil de création de l'esprit. Quand j'étais enfant, « faire semblant » faisait partie de la vie. Nous faisions semblant d'être Superman, un cow-boy, une princesse, un docteur ou une infirmière, un oiseau ou un avion. Par le rêve et la simulation, nous renforçons les muscles de l'imagination et de la créativité, auxquelles nous devons faire appel durant toute notre vie. Bien que l'imagination soit l'un des instruments les plus puissants dont nous disposions pour créer nos manifestations, elle est aussi l'un des plus mal compris.

Ce simple mot a des implications contradictoires. Si l'on réfère au dictionnaire, l'imagination est la faculté de l'esprit à former des images, à créer. Mais on y laisse aussi entendre que ces images sont fausses, fabriquées. On peut dire de quelqu'un qu'il est « victime de son imagination », ce qui implique que ses pensées sont fausses. De quelqu'un d'autre, on dira qu'il a « beaucoup d'imagination », ce qui suppose qu'il est un visionnaire. En outre, plusieurs d'entre nous ont été punis pour avoir eu recours à leur imagination. On nous a appris à associer l'imagination à la paresse, au rêve stérile, à la perte de temps. Nous avons donc considéré l'imagination comme une ennemie alors qu'elle est en réalité une amie, puisque nous ne pouvons créer que ce que nous imaginons.

J'ai déjà travaillé avec une adolescente qui tentait de guérir sa douleur de s'être sentie abandonnée quand elle était enfant. Comme nous devons d'abord imaginer une chose pour qu'elle puisse devenir réalité, je lui demandai d'imaginer qu'elle était vraiment aimée. Elle me dit ne pas savoir comment s'y prendre, qu'elle était en somme incapable de l'imaginer. Je me rendis compte alors à quel point la perte de l'imagination pouvait être tragique. Sans le pouvoir d'imaginer, nous ne pouvons créer nos rêves ni nous rappeler notre intégralité originelle.

Quand nous étions enfants, on ne nous disait jamais que nous étions la lumière du monde ou les êtres les plus magnifiques à avoir vu le jour sur cette planète. On nous disait plutôt, dans l'espoir que nous devenions meilleurs, de nous conformer et de grandir au plus vite. Résultat : le seul moyen de nous rappeler notre vraie magnificence, c'est de l'imaginer. Avec cette adolescente, j'ai dû commencer tout au début. Je lui ai lu des histoires où il était question de beauté et d'amour. Nous avons loué des films où s'exprimait le sentiment d'être aimé pour ce que l'on est. Quand elle fut capable d'imaginer ce que ce serait que d'être vraiment aimée, elle put guérir. Nous sommes à même de créer des miracles, mais nous devons d'abord les imaginer.

Le pouvoir de la visualisation

La visualisation est un instrument crucial pour exploiter le pouvoir de l'imagination afin de créer une nouvelle réalité. Dans son livre *Haute Performance*, Charles Garfield traite des effets puissants de l'imagerie sur notre performance physique. Cette idée lui fut présentée lors d'une rencontre avec un groupe d'entraîneurs sportifs soviétiques à qui il demanda une démonstration de leurs techniques d'entraînement mental des athlètes. Ces entraîneurs décidèrent alors d'effectuer cette démonstration avec Garfield lui-même, qui était haltérophile mais ne s'était pas exercé sérieusement depuis des années. Ils lui demandèrent donc quel poids il croyait pouvoir soulever, puis lui firent soulever 10 kilogrammes de plus, soit un total de 135 kilos. Il y parvint difficilement. Il était content, mais épuisé. Ils lui demandèrent aussi dans combien de temps il pensait pouvoir réussir à atteindre le poids maximum qu'il soulevait auparavant. Comme les haltérophiles accroissent leur capacité petit à petit, il estima qu'il lui faudrait de neuf à douze mois d'exercice pour revenir aux 165 kilos. Les entraîneurs lui dirent alors qu'il ne lui faudrait qu'une heure en utilisant leurs techniques. Même s'il croyait que c'était impossible, il décida néanmoins de tenter l'expérience.

Ils le firent d'abord s'étendre, puis le guidèrent à l'aide d'images mentales pour l'amener à une détente profonde. Ils lui firent ensuite visualiser chaque étape et chaque détail du lever de poids. Ils l'invitèrent à visualiser ses mains ainsi que les haltères, à imaginer ce que seraient sa respiration et l'état de ses muscles s'il soulevait 165 kilos, et à entendre le bruit des haltères qu'il manipulerait. Garfield se leva ensuite et marcha jusqu'au banc, un peu nerveux. Les entraîneurs le firent de nouveau se détendre par la visualisation. Selon ses dires, cette deuxième séance de visualisation lui donna confiance et guida ses mouvements. Puis il accomplit son incroyable performance.

Alors que je dirigeais un séminaire à l'université de Glasgow, en Écosse, une professeure qui y faisait des recherches sur les ondes cérébrales m'invita à observer l'une de ses expériences. Elle fit venir un jeune homme dans une pièce et lui demanda de jouer du piano pendant qu'elle surveillerait ses ondes cérébrales. Durant tout le temps qu'il joua, il fut en état d'ondes alpha. Elle lui indiqua ensuite de s'éloigner du piano, de fermer les yeux et d'imaginer qu'il en jouait. Il passa encore à l'état alpha. Il en va de même pour la guérison. Quand on imagine quelqu'un, ou soi-même, comme parfaitement guéri, des miracles peuvent survenir.

Pour améliorer la visualisation de ce que vous désirez voir apparaître dans votre vie, consacrez donc un peu de temps à renforcer les muscles de votre imagination. Posez-vous les questions suivantes et écrivez les réponses afin de mieux établir votre vision.

Tout d'abord, imaginez que votre manifestation s'est déjà réalisée. Ressentez la joie, l'amour et l'excitation que vous procure le fait d'avoir ce que vous désirez vraiment.

Que voyez-vous ?

Comment votre vie s'en trouve-t-elle améliorée et quels changements merveilleux cela a-t-il entraînés dans votre univers ?

Imaginez comment les autres vous verront une fois votre manifestation réalisée.

À quoi ressemble votre environnement (votre logement, votre lieu de travail ou tout autre endroit faisant partie de votre manifestation) ?

Comment votre manifestation a-t-elle modifié vos relations ?

En vous servant de vos cinq sens, imaginez la sensation exacte que vous procure cette manifestation : son apparence, son odeur, son bruit, son goût, sa texture.

L'intention dirige l'imagination

L'étape suivante de la manifestation consiste à combiner l'imagination et le pouvoir de l'intention, en connectant le cerveau droit (l'œil de création de l'esprit) au cerveau gauche, que j'appelle l'esprit de certitude. C'est dans le cerveau gauche que nous assumons la responsabilité de nos créations et en déterminons le plan. Quand nous unissons l'imagination à l'intention, nous nous trouvons alors à la diriger, à la contrôler.

Imagination + Intention = Manifestation

Un chercheur scientifique japonais, Masaru Emoto, a démontré le pouvoir considérable de l'imagination en effectuant des milliers d'expériences avec l'eau, qu'il a publiées dans plusieurs ouvrages, dont *Les messages cachés de l'eau*. Le docteur Emoto a découvert que les mots, les pensées et la musique ont un effet profond sur la structure moléculaire de l'eau. Ayant d'abord prélevé des échantillons d'eau dans le lac de retenue d'un barrage au Japon, il découvrit que les cristaux de cette eau étaient difformes. Puis il demanda à un prêtre de prier au-dessus de ces échantillons d'eau polluée, et il prit des photos des cristaux avant et après la prière. Les photos prises avant montraient des cristaux terriblement difformes. Celles qui avaient été prises après une heure de prière montraient de belles structures cristallines qui, selon Masaru Emoto, émettaient « une brillante énergie ».

Poursuivant ses expériences, le chercheur écrivit divers mots en différentes langues sur des bouts de papier qu'il enroula autour de bocaux d'eau, de manière que ces mots se trouvent face à l'eau. Il découvrit que la forme cristalline de l'eau changeait considérablement selon l'intention des mots. Par exemple, des mots ou des phrases comme « tu es stupide », « démon » ou « tu me rends malade » produisaient des cristaux distordus, épars et laids. Par contre, soumis à des mots tels « amour/appréciation », « merci », ou « sagesse », les cristaux de l'eau formaient de belles figures géométriques. Autrement dit, les mots de haute vibration donnaient à l'eau une forme cristalline parfaite, tandis que les mots de basse vibration lui donnaient une forme irrégulière, chaotique.

De plus, le docteur Emoto constata que diverses formes de musique avaient un effet spectaculaire sur l'eau. Quand il faisait jouer du *heavy metal* à l'intérieur même d'un récipient d'eau, les cristaux qu'il photographiait ensuite étaient cassés en morceaux. Quand il faisait jouer des pièces de Bach, de Beethoven ou de Mozart dans différents récipients, les cristaux de l'eau produisaient des formes exquises, bien que différentes selon la musique. Encore une fois, certains types de vibration abaissaient ou élevaient celle de l'eau. Nous pouvons saisir toute la portée des travaux de Masaru Emoto si nous songeons au fait que le corps humain est composé de 70 % d'eau. Tout comme l'eau contenue dans ces récipients était ainsi influencée, celle qui est en nous, dans notre corps lui-même, réagit aux vibrations de divers mots ainsi qu'au pouvoir curatif de l'intention et de l'amour.

L'intention est la force motrice qui guide notre imagination. Elle est l'étincelle, la flamme, le rayon d'énergie focalisée qui amène à nous les gens, les lieux et les synchronies dont nous avons besoin pour susciter nos manifestations. Il est impossible de demander à l'imagination de créer quelque chose par elle-même sans le pouvoir de l'intention, pas plus que l'intention seule ne peut le faire. Walt Disney offre un excellent exemple de quelqu'un qui a réussi à fusionner les deux ; il a combiné l'intention et le don d'imagination de l'enfant afin de manifester le merveilleux « Monde de Disney », lequel a connu un succès éclatant.

L'imagination et l'intention sont en interaction avec notre ADN. Quand nous imaginons quelque chose, notre code génétique est temporairement modifié. Il n'y a toutefois pas de modification permanente ni de signal permanent dans notre ADN tant que le pouvoir de l'intention ne soutient pas notre imagination. Si, par exemple, vous regardez un film qui vous rend triste et que vous imaginez cette même tristesse survenant dans votre vie, votre ADN adopte le schème de la tristesse, mais celui-ci disparaît une fois le film terminé. Par contre, si vous continuez à vous sentir triste après le film, votre ADN sera alors affecté pour une plus longue durée.

Par conséquent, si vous ne faites qu'imaginer que vous désirez une meilleure relation ou une meilleure santé, sans avoir la force motrice de l'intention pour appuyer votre imagination, celle-ci ne sera pas assez forte pour modifier votre code génétique et aucun changement ne surviendra dans votre vie. L'imagination et l'intention ont la capacité de changer l'ADN parce qu'elles y créent ensemble un fort schème d'énergie constructive. En fait, cela rétablit le plan originel de perfection du code génétique, le ramenant à son état inhérent de bien-être et d'abondance.

Des détails, encore et encore...

Comment créons-nous une forte intention ? En nous focalisant clairement sur nos désirs, nous créons une pensée et une émotion qui émettent un signal, soit la vibration de notre intention, laquelle nous attire vers une vibration identique. L'intention requiert une attention aux détails. Elle est le plan de la manifestation du changement, et ce plan est composé essentiellement de détails, dont l'assemblage s'apparente à celui des multiples ingrédients d'une recette. Une bonne recette comporte tous les ingrédients, dans les proportions requises. De la même façon, la recette de notre manifestation doit comporter les caractéristiques, les qualités et les aspects dont nous désirons la réalisation.

En substance, l'intention crée une image complète et détaillée avant que l'imagination ne s'embrase. Voici quelques exemples. Si vous désirez manifester une maison, vous devez d'abord avoir une idée claire de son apparence et de l'impression qu'elle produira. Commencez par l'impression que vous voulez créer et répondez aux questions suivantes.

Comment utiliserez-vous votre maison ? Ce lieu servira-t-il à la communauté, à l'amour ou à la famille ? S'agira-t-il d'un endroit de divertissement ou de réclusion ?

Quelle atmosphère y régnera-t-il ?

De quelle grandeur sera cette maison ?

De quoi aura-t-elle l'air et qui y vivra avec vous ?

Comment la décorerez-vous ?

De quel côté se lèvera et se couchera le soleil ?

Y aura-t-il des arbres autour, ou un paysage panoramique ?

Combien de pièces comportera-t-elle et quelles seront-elles ?

Comment vous divertirez-vous dans cette maison ?

En serez-vous propriétaire ou locataire ?

L'habiterez-vous en permanence ?

En quels matériaux sera-t-elle construite et quelle en sera son odeur ?

Que vous voyez-vous faire dans votre maison ?

Si vous désirez manifester quelque chose qui n'est pas matériel, vous devez vous poser plutôt des questions comme celles-ci :

Qu'est-ce que j'aimerais avoir que je n'ai pas maintenant (sur le plan professionnel, relationnel ou financier, par exemple) ?

Qu'est-ce que cela me procurerait que je n'ai pas déjà ?

Comment me sentirais-je alors ?

L'une de mes bonnes amies, qui vivait à New York, voulait déménager dans le Nord-Ouest. Elle se visualisa déménageant puis vivant dans une belle demeure près d'un lac de cette région du pays. Trois mois plus tard, elle habitait une magnifique maison près d'un lac de l'Idaho. Elle avait cependant oublié un détail : se voir propriétaire de cette maison. Résultat : elle se trouvait dans la maison de ses rêves, mais comme gardienne de celle-ci. L'univers vous donnera ce dont vous avez besoin, mais vous devez lui fournir tous les détails nécessaires.

Réexaminer ses valeurs

En plus de définir les détails de ce que vous désirez manifester, vous devez avoir la motivation qui stimulera votre intention. La motivation provient de vos valeurs. Vous ne pouvez maintenir la vibration requise pour susciter la manifestation si celle-ci n'est pas conforme à vos valeurs. Ces dernières sont les principes selon lesquels vous vivez, vos normes, votre éthique et votre code moral. Pour découvrir vos valeurs, posez-vous la question suivante : « Qu'est-ce qui a de la valeur pour moi à ce stade-ci de ma vie ? Est-ce la liberté, la vivacité, l'intégrité, la simplicité, la compassion, l'abondance, la sécurité, l'amour, ou l'individualité ? » La liste que vous établirez vous sera spécifique et changera à mesure que vous évoluerez. Lorsque vos valeurs sont clairement établies, vous pouvez ensuite déterminer si ce que vous désirez manifester est en accord avec celles-ci. Si ce n'est pas le cas, vous n'émettrez pas le signal requis pour attirer ce que vous désirez. Vous créerez plutôt un conflit et une déconnexion qui empêcheront votre manifestation de se réaliser.

Supposons, par exemple, que vous voulez manifester une relation parfaite qui rende votre vie plus intéressante. Vous imaginez donc un partenaire qui amuse tout le monde dans les fêtes, mais ce que vous désirez vraiment, c'est quelqu'un d'attentionné et de fiable. Comme vous n'imaginez pas tout à fait ce que vous valorisez, vous créez un champ énergétique de confusion, et c'est ce qui se manifestera alors dans votre vie. Pour attirer la manifestation, vous devez absolument émettre un signal clair.

Parfois, nous devons duper le cerveau afin de découvrir nos vraies valeurs. J'ai découvert le processus suivant, qui nous fait contourner le cerveau pour recevoir des réponses directement du cœur, le siège de nos véritables valeurs.

Nommez le film, le roman, la chanson, la fête et la personne que vous préférez.

Posez-vous maintenant les questions suivantes et écrivez les réponses.

Qu'avez-vous aimé dans ce film ?
Qu'avez-vous ressenti ?
Qu'avez-vous aimé le plus dans ce roman ?
Quel effet vous fait cette chanson ?
Qu'aimez-vous le plus le jour de cette fête ?
Qu'admirez-vous le plus chez cette personne ?

Vous venez d'établir une liste de vos vraies valeurs. Au sujet du film, peut-être avez-vous répondu avoir aimé le thème de la liberté ; au sujet du roman, le concept de l'individualisme ; au sujet de la chanson, son caractère idyllique ; au sujet de la fête, le sentiment de communauté ; et au sujet de votre personne préférée, sa loyauté. Vous avez ainsi découvert que vous valorisez surtout la liberté, l'individualisme, les idylles, la communauté et la loyauté. Voilà vos véritables valeurs, et, par conséquent, tout ce que vous désirez manifester doit être en accord avec celles-ci.

Une focalisation de rayon laser

Pour stimuler votre intention, il vous faut ensuite la focaliser, tel un rayon laser. L'intention est liée au mot « certitude », ce qui veut dire que vous devez savoir sans l'ombre d'un doute que ce que vous désirez créer se manifestera (et, en fait, se trouve déjà là). La réalisation de votre manifestation dépend de votre capacité à l'imaginer avec une focalisation de rayon laser comme étant déjà réalisée. Visualisez ce que vous désirez obtenir, voyez-le bien en place dans votre vie, et attendez-vous pleinement à ce que cela survienne. Chaque fois que nous hésitons, vacillons, reculons, prenons un détour et refusons de nous décider ou d'affirmer ce que nous désirons réellement, nous diluons ou perdons le pouvoir de l'intention.

Lorsque vous voulez manifester quelque chose rapidement, intensifiez votre focalisation. Quand vous vous focalisez intensément sur votre désir et ne laissez place à rien d'autre qui puisse vous distraire de votre intention, l'énergie que vous envoyez à l'univers pour susciter votre manifestation s'en trouve décuplée. Faites comme si cette manifestation était déjà présente dans votre vie. Parlez-en comme si elle était déjà là. Voyez-la se produire dans votre univers. Sachez que cette nouvelle manifestation est en route et continuez à vous focaliser sur elle tout en recourant à votre imagination et à votre intention pour la nourrir.

Si vous manifestez une maison, par exemple, que chaque maison que vous voyez vous rappelle quelque chose que vous désirez voir dans la vôtre. Ne vous contentez pas de penser à votre manifestation une seule fois ou seulement de temps à autre. Focalisez-vous sur elle le plus souvent possible. Découpez des images de la maison de vos rêves et collez-les sur un mur ou à un endroit où vous pourrez les voir tous les jours. Faites la liste de ce dont vous avez besoin pour la construire ou l'acheter, en y inscrivant même le nom de l'entrepreneur que vous désirez ou de l'agent immobilier qui vous obtiendra le meilleur prix. Trouvez la région ou le terrain où vous voulez avoir cette maison. Passez-y du temps et passez-en aussi à vous y visualiser. Regardez un coucher de soleil pour évaluer de quel côté vous orienterez votre maison. Choisissez les planchers et les tuiles. Faites comme si votre rêve était déjà réalisé.

Qu'il s'agisse de manifester un nouvel emploi, une relation saine ou un bien matériel, ne diminuez pas votre focalisation avant d'avoir obtenu un résultat. Pensez à votre manifestation et ressentez-la comme si elle était réelle, en sachant qu'elle est déjà là. Faites cela chaque matin en vous réveillant et chaque soir avant de vous endormir.

Faire preuve de souplesse

Même si nous visualisons en détail ce que nous désirons manifester, nous ne pouvons savoir de quelle façon cela apparaîtra dans notre vie et nous devons par conséquent rester ouverts à toutes les possibilités. Si nous donnons à l'Univers des instructions spécifiques sur le comment de la manifestation désirée, nous interrompons le processus. Ma fille Allison a pu le constater lorsque son mari fréquentait l'école de troisième cycle de l'université du Michigan. Elle venait d'avoir son premier bébé et voulait venir nous rendre visite, mais elle n'avait pas les moyens de s'offrir le voyage. Elle souffrait de solitude car elle ne s'était pas encore fait d'amies dans cette région où elle venait tout juste de s'installer.

Quand je lui ai enseigné la technique de manifestation, elle m'a dit : « Je vais manifester une amie. » Elle effectua alors les huit étapes de la manifestation, que j'enseigne maintenant dans mon séminaire « Les anciens secrets de la manifestation », y compris l'activation de son imagination et de son intention. Une demi-heure après avoir utilisé la technique, elle reçut la visite d'une jeune femme qui avait rencontré son mari à l'école ce jour-là ; cette jeune femme lui apprit qu'elle venait tout juste de s'installer dans la région avec son mari et qu'ils avaient eux aussi un jeune bébé. Elle voulait se lier d'amitié avec Allison.

Étonnée de ce qui venait d'arriver, ma fille me téléphona. « Je pense que ça fonctionne, me dit-elle. Je vais venir vous voir ce week-end. Je vais manifester les 500 $ dont j'ai besoin pour acheter un billet d'avion. » Elle appliqua ensuite la technique afin de manifester l'argent du billet, sans savoir d'où il proviendrait. Ce soir-là, son mari lui dit, en rentrant : « Il y avait une erreur dans le montant de ma bourse d'études. Aujourd'hui, on m'a fait un chèque de 500 $. » Allison avait donc son billet d'avion.

Une mère célibataire qui assistait à mes cours enseigna la technique de la manifestation à sa fille de 16 ans qui terminait ses études secondaires et voulait à tout prix une Volkswagen Beetle. Elle en avait une photo sur le mur de sa chambre, elle était allée chez le concessionnaire pour en conduire une, et elle savait que c'était exactement cette voiture qu'il lui fallait. Sa mère faisait de son mieux pour subvenir à leurs besoins, mais il était hors de question de lui acheter une voiture comme cadeau de fin d'études. Sa fille prit donc la situation en main et se servit de la technique de manifestation pour obtenir sa voiture. Peu de temps après, elle entra dans une fruiterie et acheta une bouteille de jus de canneberge. En regardant sous le couvercle, elle se rendit compte qu'elle venait de gagner une Volkswagen Bug toute neuve.

Éliminer ce qui fait obstacle à la manifestation

Tout comme il est essentiel que l'intention et l'imagination œuvrent ensemble à la manifestation, il est important de souligner encore une fois que nous ne devons sauter aucune des quatre premières étapes du processus de guérison si nous désirons que le bien-être s'installe en permanence. Pour que la manifestation réussisse, nous devons d'abord identifier et neutraliser les systèmes de croyances contraignants (les obstacles énergétiques) qui font se reproduire les mêmes schèmes. Les épisodes inscrits dans nos gènes affectent notre capacité de réaliser nos manifestations et peuvent faire dévier nos rêves.

Comme tout le monde, je possède dans mes gènes des programmes et des épisodes qui favorisent la manifestation, ou lui font obstacle. Il est essentiel de savoir que la manifestation peut se produire instantanément. C'est un phénomène auquel je suis habituée. Mon père est souvent passé de la pauvreté à la richesse du jour au lendemain. Son père avait sept frères et sœurs, dont chacun avait beaucoup d'argent, mais il était le seul à s'être marié. Chaque fois que l'un de ses oncles ou l'une de ses tantes trépassait, mon père héritait d'un gros montant d'argent. Quand j'étais enfant, je ne comprenais pas comment nous avions obtenu tout cet argent. Je savais seulement qu'il était possible d'obtenir quelque chose instantanément.

Quand nous vivions dans une petite ville de la vallée centrale de la Californie, nous nous déplacions toujours à bicyclette car nous n'avions pas les moyens d'avoir une voiture. Un jour, mon père revint à la maison en avion. Nous étions probablement la seule famille des États-Unis à posséder un avion à la place d'une voiture. Un beau matin, mon père nous réveilla tous en disant : « Appelez chacun un ami pour l'inviter à venir faire un petit tour d'avion. Nous partons tous, avec eux, à Hawaii pour une semaine. »

Bien que la manifestation me soit familière, j'ai dû, afin d'améliorer mon habileté, éliminer des programmes qui compromettaient ma capacité de manifestation. En plus de ceux qui favorisent l'épanouissement, j'avais aussi dans mes gènes des épisodes qui ne me servaient aucunement ; de vieux souvenirs qui me laissaient croire qu'on doit travailler dur pour obtenir de l'argent, qu'il est difficile de conserver ce que l'on possède, et que plus on gagne d'argent, moins on a de temps libre.

Comme je l'ai mentionné plus haut, l'imagination appartient au cerveau droit et l'intention, au cerveau gauche. C'est une troisième région du cerveau qui, établissant une barrière entre l'imagination et l'intention, empêche nos manifestations de se produire. J'appelle cette partie du cerveau l'esprit de la Matrice. Celui-ci dit au cerveau gauche qu'il est impossible à l'imagination de changer les choses, que le changement est basé sur des faits, lesquels sont basés sur les cinq sens. Comme je l'ai décrit au chapitre 3, la programmation de la Matrice veut que tout soit conforme à ses normes. Elle veut nous faire croire que rien ne fonctionne en dehors de la Matrice. Elle remplit de doute notre esprit, embrouille notre intention et éteint nos espoirs et nos rêves, car on ne peut être à la fois positif et négatif ; c'est l'un ou l'autre. Ce monologue de la Matrice sabote à la fois notre imagination et notre intention ; le lien avec la pensée de groupe de la Matrice (l'influence de notre entourage et les schèmes culturels) peut ralentir la matérialisation de nos désirs. Si nous tentons de manifester les désirs de notre cœur avant d'avoir éliminé les blocages de la Matrice, nous allons contre la nature des choses. Dans tout travail de manifestation, un changement intérieur doit d'abord survenir pour qu'apparaisse ensuite un changement extérieur.

L'échelle de l'ADN, en forme de double hélice, consiste en deux filaments chimiques. Les barreaux du milieu sont constitués de diverses combinaisons de quatre acides aminés qui composent les gènes contenant notre programmation. D'un point de vue énergétique, on pourrait dire que le filament de droite contient la programmation de notre imagination et que celui de gauche renferme celle de notre intention. Supposons, par exemple, que vous désirez manifester un voyage à Hawaii. Vous l'avez visualisé, vous vous êtes imaginé dans un hamac, sur une magnifique plage hawaïenne, buvant une piña colada. Pour que votre voyage se manifeste, le premier filament de l'ADN (la programmation de l'intention) doit allumer l'étincelle de l'imagination contenue dans le second.

Si vous n'avez pas éliminé l'influence de la Matrice, sa programmation s'immiscera dans votre vision pour la troubler par son monologue négatif. Elle semblera vous crier : « Vous n'êtes pas réaliste ! Vous oubliez qu'il vous faut travailler pour mériter ces vacances ! Que vous n'avez pas un sou en banque ! Pensez-vous vraiment pouvoir agir d'une façon aussi irresponsable ? Vous ne pouvez absolument pas aller à Hawaii. » Après avoir entendu cela, comment ne pas douter du pouvoir de l'imagination à faire apparaître dans votre vie ce dont vous avez besoin ? Par sa programmation négative, la Matrice éteint l'étincelle de votre imagination, sans laquelle l'intention meurt. Pas de voyage à Hawaii ! Pour combiner avec succès votre imagination et votre intention, il vous faut éliminer les blocages établis par l'esprit de la Matrice.

J'ai vaincu un énorme blocage faisant obstacle à l'une de mes manifestations quand je me suis rendu compte comment la programmation de la Matrice opérait dans ma vie. Cela s'est passé à la suite d'une série d'échanges avec ma fille. Comme je l'ai mentionné, Allison avait réellement appris l'art de la manifestation, et elle avait récemment manifesté une réfection de sa maison. Elle aime bien mettre au point tous les détails d'une réfection, de la conception des plans à l'achat de la quincaillerie. Chaque matin, elle me téléphonait pour m'en parler. À chacun de ses appels, j'écourtais toujours la conversation, comme si je n'avais pas la patience de l'écouter m'énumérer les détails de son projet. Je ne comprenais pas pourquoi j'étais aussi agacée et je n'en tins pas compte jusqu'à ce que je prenne conscience qu'il y avait là un message pour moi.

Mon mari et moi avions entrepris de manifester une maison sur un lac, mais mon esprit rationnel (en fait, l'esprit de la Matrice) me disait que même si quelqu'un frappait à notre porte aujourd'hui et nous donnait un million de dollars, je ne saurais toujours pas trouver le temps de m'occuper des détails de la construction d'une nouvelle maison. J'aimais enseigner, ce qui m'obligeait à voyager beaucoup et me laissait peu de temps pour autre chose. En y réfléchissant, je compris soudain que c'était mon esprit de la Matrice qui menait le bal. Je me rendis compte que j'étais irritée par Allison car chaque fois qu'elle me faisait part des détails de ses travaux de réfection, mon esprit de la Matrice renforçait l'idée que mon rêve d'une nouvelle maison était impossible à réaliser. Il me disait que je n'avais ni le temps ni l'intérêt de m'occuper des détails rattachés à la construction d'une nouvelle demeure et que je ne pouvais donc en avoir une.

Je savais que si je continuais dans cette voie, je n'aurais jamais de nouvelle maison. Je me mis donc immédiatement au travail en vue d'éliminer mes blocages intérieurs au moyen de la technique de neutralisation. Puis je téléphonai à Allison pour lui raconter ce qui s'était produit et pourquoi j'avais écourté nos conversations. En m'éveillant à ce qui se passait, je découvris aussi comment sortir de mon dilemme. Je décidai d'engager Allison pour nous aider à construire notre nouvelle résidence. Je suis donc maintenant très heureuse, car je continue à faire ce que j'aime, soit voyager et enseigner, tout en sachant que très bientôt notre maison sur le lac deviendra réalité puisque Allison s'occupe de tous les détails.

Vaincre les peurs

La peur du changement est un autre aspect de la Matrice qui, souvent, bloque l'énergie de nos manifestations. Nous craignons parfois qu'une manifestation entraîne dans notre vie un changement qui ne nous plaira pas. En fait, la plupart d'entre nous appréhendent le changement, même quand les conditions présentes de leur vie sont difficiles et qu'un changement serait bénéfique. Par exemple, certains redoutent qu'en manifestant réellement la relation parfaite qu'ils désirent, ils se retrouveront avec un nouveau partenaire et devront quitter leur partenaire actuel. Qu'en manifestant l'emploi parfait, ils se retrouveront au service d'une autre entreprise ou devront aller vivre ailleurs. J'appelle ces peurs les blocages de la Matrice, qui tente de laisser les choses telles qu'elles sont.

Pour vaincre l'esprit de la Matrice, nous devons apprendre à identifier les peurs qui ne sont que son monologue programmé, et ce, afin de les dépasser pour permettre de nouvelles possibilités. La Matrice déteste le changement et utilise la peur pour nous empêcher de changer. Quand les peurs pénètrent notre conscience et tentent de nous éloigner de toute focalisation sur la manifestation souhaitée, deux choses sont possibles pour nous remettre en piste. Premièrement, en reconnaissant que ces peurs soutiennent la Matrice plutôt que nous, nous pouvons leur dire qu'il n'y a pas de place pour elles dans notre monde et qu'elles doivent quitter notre conscience immédiatement. C'est ici que la force de notre intention entre en jeu, pour tenir tête à la Matrice. L'intention est le pouvoir de maintenir la pensée et le sentiment associés à notre manifestation jusqu'à ce que cette dernière se réalise. Dans les situations difficiles, que ce soit au foyer, au travail ou en amitié, vous entendez sans doute la voix de la Matrice. Cependant, si vous écoutez attentivement, vous entendrez aussi la voix de l'intention vous crier : « Allons ! Nous pouvons faire ça ! » C'est cette voix-là qui vous conduira à la victoire. Si vous le lui permettez, la force de l'intention peut l'emporter sur la voix rationnelle de la Matrice. Et quand elle le fait, il vous est possible alors de vous ouvrir à la magie de la manifestation.

Deuxièmement, vous pouvez recourir à une technique puissante qui neutralise la peur en vous centrant dans le cœur et en envoyant cette peur à Dieu. Visualisez un triangle entre vous, Dieu et la peur. Portez votre attention sur votre cœur, concentrez-la sur cet endroit, puis tracez une ligne énergétique allant de vous à Dieu. Ensuite, tracez-en une autre allant cette fois de Dieu à la peur. Enfin, tracez une dernière ligne énergétique allant de la peur (maintenant neutralisée par l'amour de Dieu) à votre cœur. Méditer sur ce flux d'énergie permet à l'énergie divine de dissoudre la peur.

Par exemple, si vous redoutez d'échouer à un examen, vous établissez une connexion énergétique entre la peur et vous. Cette peur nourrit donc votre croyance que vous échouerez à cet examen. Tant que la vibration de la peur ou de l'échec sera active, vous y serez connecté et votre énergie sera dirigée vers l'échec. Énergétiquement, votre cœur est connecté à la peur par une ligne directe. Vous pouvez neutraliser cette énergie en changeant cette ligne droite en un triangle où l'énergie passe de votre cœur à Dieu et de Dieu à la peur. Si vous vous centrez dans votre cœur et connectez son énergie à celle de Dieu, qui est amour, Dieu entre en scène et envoie la lumière guérisseuse de l'amour à la peur d'échouer à l'examen. La lumière guérisseuse de l'amour de Dieu neutralise la peur. L'énergie est alors à l'état neutre en se reconnectant à votre cœur, de sorte que vous n'êtes plus connecté à la peur d'échouer à l'examen.

Quand nous dépassons les peurs de la Matrice et nos propres schèmes de peur intérieurs, nous retournons à l'énergie de l'innocence et du merveilleux qui est celle de notre monde naturel. C'est cette énergie qui ouvre les portes à la création. En vieillissant, nous avons tendance à perdre le sens de l'innocence et du merveilleux. Nous cessons de voir l'univers dans un grain de sable, selon la métaphore du poète William Blake, et portons notre attention sur la façon de faire les choses correctement. En revivifiant l'imagination de votre enfance, vous découvrirez que le merveilleux se trouve au cœur de la manifestation.

Une femme qui assistait à mes cours m'écrivit qu'en travaillant avec le processus de manifestation que nous enseignons, y compris les éléments clés que sont l'imagination et l'intention, elle avait finalement pris conscience à quel point les schèmes programmés depuis son enfance avaient étouffé sa créativité et nui à son bonheur. « Quand j'étais enfant, m'écrivit-elle, je fus souvent punie pour avoir fait trop de bruit, privée de sortie pour être rentrée trop tard à la maison, ou ridiculisée pour avoir fait preuve d'imagination. Cela se traduisit chez moi par la peur d'avoir du plaisir (et peut-être de rire trop fort), le refoulement de mon sens du merveilleux et de la beauté (ne t'arrête pas pour humer le parfum des roses, car tu seras en retard), et la crainte de faire rire de moi si je créais quelque chose. »

Elle poursuivait en ajoutant à quel point elle était reconnaissante des nombreux miracles qui étaient survenus dans sa vie depuis qu'elle avait appris à éliminer les schèmes d'interférence énergétique, et retrouvé sa créativité innée. « Il y avait longtemps que je n'avais pu dire honnêtement “je suis heureuse” en le sentant vraiment dans mon cœur. C'est réellement merveilleux de pouvoir se sentir ainsi, particulièrement quand on a oublié ce sentiment ! » En nous libérant des décrets et des interdits de la Matrice au moyen du pouvoir de notre imagination et de notre intention, nous stimulons notre créativité, notre bonheur et notre pouvoir. Nous voyons apparaître des possibilités où nous n'en discernions auparavant aucune.

Intention + Imagination = Manifestation

Manifestation = le voyage de mes rêves

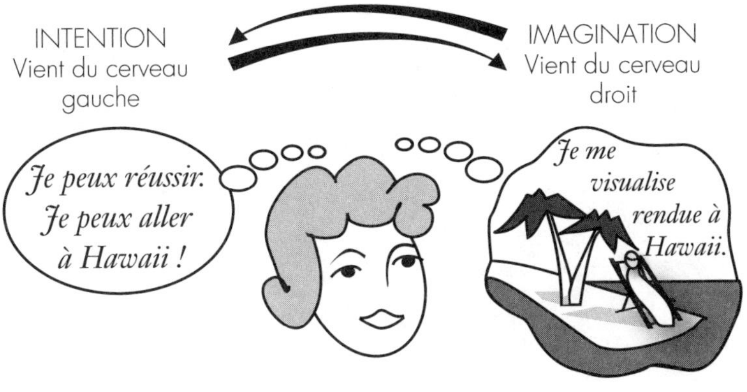

Quand la manifestation ne peut se produire

Les obstacles de la Matrice, ainsi que les croyances négatives enracinées, le doute et la peur du changement, peuvent saboter nos rêves.

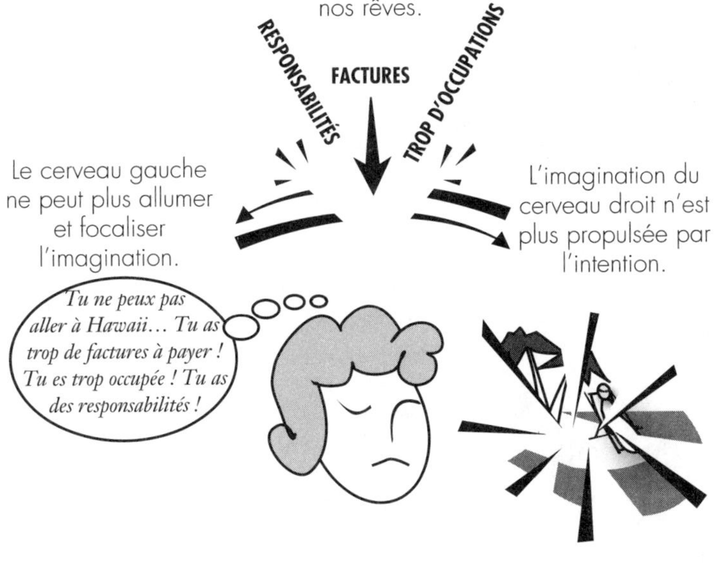

Troisième partie

Comment réinitialiser votre code génétique

8

Les cinq étapes de l'autoguérison de l'ADN

Le monde de la guérison comporte d'infinies possibilités. Si nous n'en acceptons qu'une sous prétexte qu'elle est la seule ou la meilleure, nous limitons notre croissance. Si nous restreignons notre vision à un seul point de vue, notre vie devient stagnation. Tout est constamment en évolution, et si nous consentons à suivre le courant évolutif, notre existence s'écoule librement en suivant la voie qui lui est propre. En ouvrant notre cœur à de nouvelles possibilités, nous nous apercevons que de toutes petites choses peuvent conduire à d'énormes découvertes. Quand, au contraire, notre cœur demeure fermé à ces possibilités, c'est-à-dire quand nous sommes trop sûrs de connaître déjà toutes les réponses, nous manquons là une grande occasion de nous laisser guider par notre connaissance supérieure, laquelle nous indique toujours très simplement la voie à suivre.

J'ai baptisé ma compagnie PossibilitiesDNA parce que le mot « possibilités » me rappelle qu'il y a plusieurs façons de faire les choses et qu'il se présente toujours de nouvelles occasions d'évoluer. Cela me permet de découvrir continuellement du nouveau, ce qui m'emplit d'émerveillement, d'innocence et d'enthousiasme. J'y ai trouvé la liberté d'être reconnaissante des leçons apprises grâce aux vieux concepts, et d'embrasser les nouveaux avec le sens de l'aventure et la promesse de l'expansion.

Marlo Morgan, qui a écrit le best-seller *Message des hommes vrais au monde mutant*, a raconté en interview l'histoire d'un groupe d'aborigènes perdus en radeau sur l'océan. Elle leur avait demandé pourquoi ils ne se servaient pas de pagaies pour diriger leur plateforme flottante et ils avaient répondu qu'ils risqueraient alors d'aboutir ailleurs qu'à leur destination. Ils savaient que leur radeau les conduirait à l'endroit exact où il leur fallait aller.

J'y vois un magnifique exemple de confiance dans le flux universel de la vie. Selon les vieux concepts, je devrais pagayer comme une démente pour arriver où je crois devoir aller. Cependant, la reconnaissance des nombreuses possibilités me permet de laisser le radeau dériver jusqu'où il doit me conduire. Cette attitude m'a ouvert bien des portes et m'a amenée à rencontrer beaucoup de gens merveilleux, me faisant vivre ainsi des expériences que je n'aurais pas connues autrement.

Dans ce chapitre, vous aurez l'occasion d'expérimenter de nouvelles possibilités. Par le biais de mon cours de formation « L'élimination des schèmes d'interférence de l'ADN », j'ai enseigné à des milliers de personnes, un peu partout dans le monde, comment utiliser ce processus pour localiser et neutraliser les schèmes nuisibles qui les influencent subconsciemment. Vous aussi pouvez en effectuer à maintes reprises toutes les étapes afin d'identifier les épisodes inscrits dans votre ADN et qui sont à l'origine de votre problème, de réinitialiser votre code génétique et de manifester les nouveaux schèmes que vous désirez voir apparaître dans votre vie. (J'offre également un enseignement plus poussé qui permet de développer davantage les aptitudes à la guérison et à la manifestation.)

Le choix de vos nombres

Pendant votre travail à l'aide des « cinq étapes de la guérison », prenez soin d'être dans le silence et la tranquillité afin de pouvoir concentrer entièrement votre attention sur le processus, qui agira alors en profondeur. Vous utiliserez d'abord le système d'archétypes et la technique de cartographie numérique décrits au chapitre 4. Le processus lui-même est simple et rapide. Il n'y a rien à forcer. Les nombres vous conduiront d'eux-mêmes aux éléments clés de votre histoire. Vous verrez qu'il suffit de les choisir et de suivre le reste du processus pour éliminer les vieux schèmes et créer la guérison ou la transformation recherchée. Par conséquent, détendez-vous et laissez les nombres ainsi que les mots transformer votre vie.

Avant de choisir vos nombres dans chacune des sections, n'oubliez pas de respirer profondément, de vous centrer dans votre cœur et d'élever votre conscience à un point de vue supérieur. De la sorte, votre cerveau passera à l'état d'ondes alpha, celui de la détente profonde, de la méditation, de l'inspiration et de l'amour divin. Dès que le cerveau atteint cet état, vous échappez à la Matrice. Vous avez créé un champ d'énergie qui, contournant le cerveau, vous mène directement à l'esprit subconscient. Souvenez-vous de ceci : Quand nous sommes dans l'espace d'amour neutre et inconditionnel de notre cœur, nous créons un nouvel environnement où il n'est plus difficile d'éprouver un changement de direction du cœur, de pardonner, de guérir. La vibration d'amour émanant de ce lieu où règne un parfait équilibre transforme nos vieux schèmes et nous guérit.

Une fois que vous aurez atteint cet état de détente et de méditation et que vous serez prêt à choisir vos nombres, prenez soin de retenir le premier que vous entendrez, verrez, ou sentirez. Rappelez-vous que chaque nombre porte la vibration ou fréquence de la phrase ou des mots qui lui sont assignés. De même, votre ADN émet une certaine fréquence. Selon la loi de l'attraction universelle, vous choisirez le nombre correspondant au sentiment, ou à la vibration, emmagasiné dans la mémoire de votre ADN. Si vous entendez, voyez ou sentez deux nombres au lieu d'un seul, demandez-vous lequel est le plus fort ou vous stimule davantage. Si les deux nombres vous semblent d'une force égale, vous pouvez les utiliser tous les deux. Le choix d'un nombre est un processus de foi. Faites-vous confiance et vous serez étonné de la justesse des nombres que vous aurez choisis.

Les cinq étapes de la guérison La réinitialisation de votre code génétique en vue d'obtenir un bien-être total et une parfaite abondance

Étape 1 : Découvrez le thème de votre histoire.

Comment découvrir le thème général et le schème perturbateur qui créent la souffrance, la perte et les difficultés vous empêchant de vivre l'existence désirée.

Notez par écrit un blocage ou une perturbation dont vous faites l'expérience présentement. Ce peut être sur le plan de la santé, de l'argent, des relations, de la carrière ou autre. Ce peut être aussi un schème récurrent de pensée ou de comportement.

____

____

Centrez-vous dans votre cœur pour vous préparer à choisir un nombre dans chacune des catégories qui suivent.

Pour entrer dans la vibration d'amour divin du cœur, concentrez-vous sur votre cœur physique. Visualisez-le sous la forme d'une rose géante. Respirez profondément jusqu'au fond de votre cœur et expirez lentement. Faites-le encore trois fois. En respirant, vous alignez votre corps physique sur la vibration de l'amour et vous vous connectez à l'espace sacré de votre cœur.

Après avoir respiré profondément jusque dans l'espace de votre cœur, élevez vos pensées jusqu'aux cieux. Sentez-vous libéré de tout stress. Imaginez-vous flottant sur un nuage. Laissez-vous envahir par la légèreté et une paix profonde. Quand vous sentirez le calme et la paix en vous, vous saurez que vous avez atteint l'état d'amour divin, lequel vous donnera accès directement à votre esprit subconscient. (Si vous ne croyez pas pouvoir accéder à ce sentiment de paix maintenant, sachez que votre intention suffira à faire se dérouler le processus. Nourrissez l'intention de choisir les nombres qui correspondent à votre histoire et ils vous seront donnés.)

(Complétez d'abord la première colonne, puis passez à la deuxième.)

1. Choisissez des nombres pour découvrir votre histoire.

A. Pour identifier le thème de votre histoire, fermez les yeux, centrez-vous dans votre cœur et choisissez un nombre entre 1 et 5 : ____ .

B. Pour découvrir le schème d'interférence énergétique, l'archétype, l'élément et la perte, fermez les yeux, centrez-vous dans votre cœur et choisissez un nombre entre 1 et 5 : ____ .

C. Pour découvrir l'organe et l'émotion associée :

Si vous avez choisi 1, 2, 3 ou 5 pour la réponse B ci-dessus, fermez les yeux, centrez-vous dans votre cœur et choisissez un nombre entre 1 et 2 : ____ .

Si vous avez choisi 4 pour la réponse B ci-dessus, fermez les yeux, centrez-vous dans votre cœur et choisissez un nombre entre 1 et 5 : ____ .

D. Pour découvrir le schème d'interférence énergétique dans les chakras, fermez les yeux, centrez-vous dans votre cœur et choisissez un nombre entre 1 et 7 : ____ .

2. Après avoir choisi vos nombres, reportez-vous à la réponse clé de l'étape 1 (page suivante) et remplissez les espaces vides pour découvrir votre histoire.

La douleur, la perte, la séparation, le sacrifice et les difficultés qui furent créés à travers le thème de mon histoire

______________________________ ,
(A. Thème)

ont établi un schème d'interférence énergétique dans mon archétype des cinq éléments,

______________________________ ,
(B. Archétype/Élément)

créant une perte de

____
(B. Perte)

affectant mon

______________________________ .
(C. Organe)

et suscitant l'émotion de

______________________________ .
(C. Émotion)

La souffrance, la perte et les difficultés qui furent créées à travers le thème de mon histoire ont aussi établi un schème perturbateur dans mon chakra

______________________________ .
(D. Chakra)

et son archétype nuisible,

______________________________ ,
(D. Archétype nuisible)

créant une perte par

______________________________ .
(D. Perte)

Ces schèmes perturbateurs m'ont empêché de vivre la vie que je désire.

Réponse clé de l'étape 1

A. Le thème de votre histoire

1. L'abandon
2. Le manque de confiance
3. La perte de la valeur personnelle
4. Le rejet
5. La trahison

B. Le schème d'interférence énergétique perturbateur lié aux cinq éléments

Élément	*Perte*
1. Alchimiste (Métal)	Perte de la capacité de transformer les vieilles croyances en réalités nouvelles
2. Philosophe (Eau)	Perte de la capacité d'avoir une vue d'ensemble
3. Pionnier (Bois)	Perte de la capacité d'avancer
4. Sorcier (Feu)	Perte de la passion
5. Juge (Terre)	Perte de l'égalité

C. Les organes et émotions impliqués

Organe	*Émotion*
Si vous choisissez le n° 1 (Alchimiste) sous B :	
1. Poumons	Chagrin
2. Gros intestin	Rigidité ou sentiment de paralysie
Si vous choisissez le n° 2 (Philosophe) sous B :	
1. Reins	Peur
2. Vessie	Irritation
Si vous choisissez le n° 3 (Pionnier) sous B :	
1. Foie	Colère
2. Vésicule biliaire	Ressentiment
Si vous choisissez le n° 4 (Sorcier) sous B :	
1. Cœur	Perte de la joie
2. Thyroïde/Surrénales	Confusion
3. Petit intestin	Peur du rejet
4. Organes féminins	Suppression
5. Organes masculins	Suppression
Si vous choisissez le n° 5 (Juge) sous B :	
1. Rate/Pancréas	Inquiétude
2. Estomac	Manque de soutien

D. Le schème d'interférence énergétique perturbateur lié aux archétypes des chakras

Chakra	Archétype nuisible	Perte
1. Chakra racine	Victime	Le soi est ressenti comme étant à la merci des autres ou de forces extérieures, ce qui crée la perte de l'innocence et de la capacité d'assumer ses responsabilités.
2. Chakra sacré	Martyr	On souffre pour les autres et pour soi, ce qui crée la perte de la création et de la capacité de maintenir le bonheur.
3. Chakra du plexus solaire	Égotiste	On ne reconnaît aucun autre pouvoir que le sien, ce qui crée la perte de la sagesse et de la souplesse.
4. Chakra du cœur	Amoureux blessé	Incapacité de se protéger de la douleur de l'amour, ce qui crée la perte de l'amour et de la capacité d'entretenir des relations intimes.
5. Chakra de la gorge	Acteur	Incapacité d'exprimer ses désirs, ce qui crée la perte de l'expression de sa vérité.
6. Chakra du troisième œil	Analyste	Intellectualise tout à outrance, ce qui crée la perte de la clarté et de la capacité d'entendre son soi intérieur.
7. Chakra couronne	Séparatiste	Voit toutes choses comme étant séparées, ce qui crée la perte de la connexion à la source divine

Étape 2 : Découvrez votre histoire ancestrale.

Comment trouver l'origine du schème perturbateur ainsi que la stratégie et le programme qu'ont adoptés vos ancêtres et qui vous furent transmis.

Découvrez le plus faible lien génétique. Les émotions causées par des événements survenus à vos ancêtres vous ont été transmises par votre mémoire génétique. Chaque gène contient dans sa mémoire la première expérience négative et l'émotion qui lui est associée. En découvrant la cause et l'effet de ces émotions dans votre mémoire ancestrale, vous trouverez votre plus faible lien génétique, lequel constitue la clé pour libérer le gène physique appartenant à cette vie-ci. Ce processus qui permet de trouver votre plus faible lien génétique révélera donc le moment exact où le gène défectueux a été programmé dans le vôtre, de quel côté de votre famille il provient, et depuis combien de générations dure cette programmation défectueuse.

(Complétez d'abord la première colonne, puis passez à la deuxième.)

1. Choisissez des nombres pour découvrir votre plus faible lien génétique.

A. Pour identifier le côté de la famille à qui appartient le plus faible lien, fermez les yeux, centrez-vous dans votre cœur et choisissez un nombre entre 1 et 4 : ____ .

Réponse clé à A :
1. mère de la mère
2. père de la mère
3. mère du père
4. père du père

B. Pour déterminer à quelle génération la perturbation est entrée dans la lignée génétique, fermez les yeux, centrez-vous dans votre cœur et choisissez un nombre entre 1 et 8 : ____ .

Réponse clé à B :
1. il y a 1 à 8 générations
2. il y a 9 à 17 générations
3. il y a 18 à 26 générations
4. il y a 27 à 34 générations
5. il y a 35 à 41 générations
6. il y a 42 à 50 générations
7. il y a 51 à 56 générations
8. 2000 av. J.-C. – Préhistoire, premières civilisations

Note : Chaque génération représente 33 ans.

2. Après avoir choisi vos nombres, remplissez les espaces vides à partir des réponses clés de gauche pour découvrir votre histoire ancestrale.

Ma faiblesse génétique est survenue par le lignage de la (du)…

____
(A. Côté de la famille)

il y a ________________ générations
(B. Nombre de générations)

et elle est à l'origine de ma perturbation.

(Complétez d'abord la première colonne, puis passez à la deuxième.)

1. Choisissez des nombres pour découvrir votre histoire ancestrale.

A. Pour découvrir le schème ancestral qui est à la source du schème d'interférence énergétique, fermez les yeux, centrez-vous dans votre cœur et choisissez un nombre entre 1 et 7 (voir liste sur la page suivante) : ____.

B. Pour découvrir la stratégie liée à votre histoire ancestrale, fermez les yeux, centrez-vous dans votre cœur et choisissez un nombre entre 1 et 14 : ____.

C. Pour découvrir le programme créé à partir de cette stratégie, fermez les yeux, centrez-vous dans votre cœur et choisissez un nombre entre 1 et 16 : ____.

D. Pour découvrir le sentiment créé en vous par le schème ancestral, fermez les yeux, centrez-vous dans votre cœur et choisissez un nombre entre 1 et 11 : ____.

2. Après avoir choisi vos nombres, reportez-vous à la réponse clé de l'étape 2 et remplissez les espaces vides pour découvrir votre histoire ancestrale.

La source du schème d'interférence énergétique transmis génétiquement par mon lignage ancestral, d'une génération à l'autre, est celle-ci :

______________________________ .

(A. Schème ancestral)

Pour survivre, mes ancêtres ont adopté cette stratégie, qui me fut transmise :

______________________________ .

(B. Stratégie)

À cause de cette stratégie, mes ancêtres ont adopté ce programme, qui me fut également transmis :

______________________________ .

(C. Programme)

Le schème ancestral a établi en moi le sentiment…

______________________________ .

(D. Sentiment)

Les souvenirs de mes schèmes ancestraux ont établi les schèmes de mes réactions, lesquels ont affecté ma vie et m'ont empêché de mener l'existence désirée.

Réponse clé de l'étape 2

A. **Le schème ancestral à l'origine du schème d'interférence énergétique**
1. L'échec
2. Le rejet
3. La pauvreté
4. La trahison
5. La punition
6. La déception
7. L'impuissance

B. **La stratégie associée à votre histoire ancestrale**
1. Pour survivre, je dois me débrouiller seul.
2. Pour survivre, je dois me rendre invisible.
3. Pour survivre, je dois devenir agressif.
4. Pour survivre, je dois réprimer mes émotions en me servant de l'humour, de la diversion ou de la torpeur comme échappatoire.
5. Pour survivre, je dois demeurer passif.
6. Pour survivre, je dois lutter pour être reconnu à ma juste valeur.
7. Pour survivre, il vaut mieux éviter d'être moi-même.
8. Pour survivre, je dois m'adapter.
9. Pour survivre, je dois avoir l'air faible.
10. Pour survivre, je dois me stimuler moi-même.
11. Pour survivre, je dois avoir le contrôle.
12. Pour survivre, je dois rester séparé des autres.
13. Pour survivre, je dois être loyal et dévoué aux autres.
14. Pour survivre, je dois rendre les autres heureux, même aux dépens de mon propre bien-être.

C. **Le programme créé à partir de la stratégie**
1. L'assurance
2. Le sacrifice
3. Le repli sur soi
4. Le ressentiment
5. La désillusion
6. Le perfectionnisme
7. Le jugement
8. L'incohérence
9. La dureté
10. L'obéissance
11. L'épuisement
12. Le sentiment de persécution
13. Le cynisme
14. La défensive
15. La méfiance
16. L'hésitation

D. **Le sentiment créé en vous par le schème ancestral**
1. Je ne suis pas apprécié à ma juste valeur.
2. Je ne mérite rien.
3. Je ne réussis jamais.
4. Je ne reçois aucun soutien.
5. Je suis incapable de m'exprimer.
6. Je ne suis pas important.
7. Je ne peux être aimé.
8. Je passe inaperçu.
9. Je ne suis pas qualifié.
10. Je ne suis pas désiré.
11. Je suis indigne.

Étape 3 : Découvrez comment ces épisodes se manifestent.

Comment les schèmes et les thèmes ancestraux se sont reproduits dans votre vie.

Examinez comment des schèmes se répètent. Cette section a pour but de vous montrer comment les schèmes emmagasinés dans votre ADN se sont répétés dans votre existence.

- D'abord, centrez-vous dans votre cœur et choisissez une année entre celle de votre naissance et le présent : _____.
- Voyez les schèmes que vous avez découverts lors de l'étape 1 : Découvrez le thème de votre histoire (page 172). Quel événement majeur lié aux schèmes choisis à l'étape 1 s'est produit dans l'année que vous avez choisie précédemment ?

  ____

- Qu'avez-vous ressenti lors de cet événement ?

  ____

- Comment cet événement a-t-il affecté votre vie ?

  ____

- Quelle décision personnelle avez-vous prise alors ?

  ____

Examinez les effets des schèmes ancestraux. Cette section a pour but de vous montrer comment les schèmes présents ou ancestraux emmagasinés dans votre ADN affectent votre vie.

- Repensez à l'année que vous avez choisie dans l'exercice précédent : _____.
- Examinez les schèmes que vous avez découverts lors de l'étape 2 : Découvrez votre histoire ancestrale en choisissant vos nombres (page 179). Lequel de ces schèmes correspond

le mieux à ce qui s'est produit dans votre vie pendant l'année choisie dans le premier exercice ?

____

- Qu'avez-vous ressenti par rapport à ce schème et à cet événement ?

____

- Comment ce schème a-t-il affecté votre vie ?

____

- Comment votre schème ancestral vous empêche-t-il de vivre l'existence que vous désirez ?

____

Étape 4 : Créez la neutralisation et un changement de direction du cœur.

Comment neutraliser les émotions et les sentiments qui ont créé les schèmes perturbateurs.

Avant de pouvoir guérir ou transformer un schème indésirable, vous devez modifier la charge émotionnelle qui le nourrit. À cette fin, vous devez faire deux choses : vous pardonner à vous-même ou pardonner à quiconque vous a entravé et voir la situation d'un nouveau point de vue, ce qui suscitera un changement de direction du cœur. Quelle qu'ait été la nocivité du vieux schème, celui-ci a servi à votre évolution. Ceux qui y étaient impliqués furent des enseignants ; ils ont contribué à votre progrès. Ces personnes se trouvaient dans votre vie pour éveiller quelque chose en vous. Peut-être représentaient-elles ce que vous ne vouliez pas vivre ou devenir. La souffrance qu'elles vous ont causée vous a peut-être éveillé à la compassion, au pardon ou à la compréhension. Autrement dit, ces personnes vous ont aidé à devenir qui vous êtes aujourd'hui. La section suivante vous permettra de voir comment les gens associés à cette perturbation ont contribué à votre évolution.

(Complétez d'abord la première colonne, puis passez à la deuxième.)

1. Choisissez des nombres.

A. Réfléchissez quelques instants à toute personne (il peut aussi y en avoir plusieurs) associée aux schèmes perturbateurs identifiés aux étapes 1 et 2 et qui a affecté votre vie négativement.

Pour découvrir quelle leçon (ou quel don) fut instillée en vous par cette personne associée à la perturbation, fermez les yeux, centrez-vous dans votre cœur et choisissez un nombre entre 1 et 14 : ____.

B. Pour découvrir le changement de direction du cœur qui vous permettra de voir le vieux schème selon un nouveau point de vue, fermez les yeux, centrez-vous dans votre cœur et choisissez un nombre entre 1 et 18 : ____.

2. Après avoir choisi vos nombres, reportez-vous à la réponse clé de l'étape 4 et remplissez les espaces vides pour découvrir votre don et votre changement de direction du cœur.

La leçon (ou le don) qui fut instillée en moi par la personne associée à la perturbation est ceci :

______________________________.

(A. Leçon ou don)

Mon nouveau point de vue, mon changement de direction du cœur, consiste en ceci :

______________________________.

(B. Changement de direction du cœur)

Cela rétablit en moi les sentiments de liberté, d'amour, de mérite, de valeur, d'utilité et d'émancipation.

Réponse clé de l'étape 4

A. Le don de l'interférence énergétique

1. La compassion
2. Le pardon
3. La compréhension
4. La sagesse
5. La sécurité
6. La sûreté
7. La protection
8. L'amour de soi
9. La foi
10. L'empathie
11. La gratitude

12. La souplesse et l'adaptabilité
13. Le commandement et la volonté
14. La négociation

B. Mon changement de direction du cœur

1. J'ai le droit de me sentir en sécurité.
2. J'ai le droit de recevoir du soutien.
3. J'ai droit à mes désirs.
4. J'ai le droit de ressentir mes émotions et de les exprimer librement.
5. J'ai le droit de m'occuper de moi-même et de me dorloter.
6. J'ai le droit d'établir des limites et de dire non.
7. J'ai le droit de m'affirmer.
8. J'ai le droit de dire ma vérité.
9. J'ai droit à mes rêves.
10. J'ai le droit de suivre mon guide intérieur.
11. J'ai le droit d'avancer.
12. J'ai le droit de m'appartenir.
13. J'ai le droit d'échouer et de recommencer.
14. J'ai le droit d'écouter mon cœur.
15. J'ai le droit d'être une personne.
16. J'ai le droit d'entretenir des relations basées sur l'égalité d'énergie, de soutien et de responsabilité.
17. J'ai le droit de m'accorder la permission d'arrêter.
18. J'ai le droit d'être vu comme un enfant précieux de l'univers.

La méditation de la neutralisation et du changement de direction du cœur

Voici venu le moment de libérer les vieux schèmes emmagasinés dans votre ADN, en les ramenant à l'état neutre. Toute énergie doit revenir à l'état neutre avant de se manifester en nouvelle énergie. Vous libérerez les schèmes que vous avez découverts à l'étape 1 (le thème de votre histoire) et à l'étape 2 (votre histoire ancestrale). Vous neutraliserez également leur influence sur votre vie. Vous vous focaliserez sur le don reçu et sur votre changement de direction du cœur.

N'oubliez pas que la guérison fonctionne selon le principe de la vibration. Toute maladie ou toute perturbation commence par la vibration d'une croyance, et la guérison s'effectue en transformant les schèmes vibratoires. Par la connexion à la vibration de l'amour dans votre cœur, vous pouvez ramener à son état neutre et naturel, qui est celui de l'amour, l'énergie enfermée dans les vieux schèmes. Détendez-vous et laissez-vous guider tout au long des cinq étapes de cette méditation.

La détente. Concentrez votre attention sur votre cœur. Imaginez-le sous la forme d'une rose géante. Respirez lentement et profondément, jusqu'à l'intérieur de votre cœur, puis expirez lentement. Faites cela trois autres fois. À chaque respiration, vous vous connectez plus profondément à l'énergie de votre cœur.

Imaginez maintenant vos pensées s'élevant de votre tête et montant jusqu'aux cieux. Voyez-les sur un nuage et, à partir de celui-ci, sentez-vous connecté à Dieu ou à la source universelle de connaissance. Dites-vous intérieurement :

Je rends grâce pour la neutralisation des schèmes que j'ai découverts aujourd'hui.

(Si vous avez de la difficulté à élever vos pensées, respirez encore une fois jusqu'au fond de votre cœur, en sachant que votre intention vous ramènera au processus de neutralisation.)

La reconnaissance du don et du changement de direction du cœur. Concentrez votre attention sur toute personne associée aux schèmes que vous avez découverts et qui a influencé votre vie négativement. Amenez dans l'œil de votre esprit toute personne qui vous a empêché de devenir ce que vous désirez être ou de faire ce que vous voulez faire, y compris vous-même.

Concentrez-vous maintenant sur le don que ces gens ont contribué à instiller en vous (le don de l'étape 4-A ou tout autre don que vous avez reçu) et sur votre nouveau point de vue, acquis grâce au changement de direction du cœur (l'étape 4-B).

Dites ceci :

Je rends grâce pour ce don de ______________ [nommez le don de l'étape 4-A, page 183, ou un autre don], car il m'a aidé à devenir ce que je suis aujourd'hui. Bien que la situation ou les circonstances de ma vie passée aient été douloureuses et perturbantes, elles m'ont néanmoins aidé à grandir et m'ont appris des leçons cruciales. L'une de ces leçons fut ______________________ [nommez le changement de direction du cœur que vous avez choisi à l'étape 4-B], qui m'a fourni un nouveau point de vue. Sans ces circonstances, je n'aurais pas développé les dons et les forces que je possède aujourd'hui.

Le pardon. Concentrez-vous encore une fois sur toute personne associée aux schèmes qui vous ont entravé ou qui ont créé une perturbation dans votre existence. Le moment est venu de lui dire en silence, dans vos propres mots, ou bien comme suit :

- Je vois maintenant la perturbation d'un autre point de vue.
- J'aurais évidemment souhaité une meilleure relation, mais je comprends que la perturbation qui s'est interposée entre nous provenait de vieux schèmes transmis par notre lignage ancestral.
- Cette nouvelle information m'aide à voir d'un autre point de vue ce qui est arrivé. Je comprends maintenant que cette perturbation m'a donné une force et un talent dont je n'aurais jamais bénéficié sans la souffrance passée.
- Je me libère désormais du vieux schème, de la douleur, de la souffrance et du ressentiment, afin que nous puissions tous les deux avancer.

Une fois que vous avez communiqué silencieusement ces messages, la vibration des mots vous met énergétiquement dans un état de compassion et d'amour. C'est à partir de cet état d'être que les vieux schèmes seront éliminés. Ne vous inquiétez pas de ce que vous ressentez à ce stade-ci, car les mots que vous venez tout juste de prononcer silencieusement agissent peu à peu sur le plan génétique subconscient, et la guérison est commencée.

Maintenant que vous avez dit aux personnes associées à ce schème ce que vous aviez besoin de leur dire, celles-ci ont peut-être un message d'amour à vous transmettre. Fermez les yeux une minute et écoutez. Vous les entendrez peut-être vous parler dans votre cœur.

L'entrée dans le cœur sacré. C'est dans l'espace sacré de votre cœur que sont neutralisés tous les vieux souvenirs et les schèmes perturbateurs. Concentrez votre attention sur votre cœur. Respirez lentement et profondément jusque dans votre cœur, puis expirez lentement.

Visualisez votre cœur sous la forme d'un énorme bouton de rose. À chaque respiration qui suit, un pétale se déploie et vous pénétrez plus profondément au centre de la rose.

Une fois cette étape terminée, respirez doucement... vous voilà entré au centre de la rose, le cœur sacré. Ici, toute l'énergie est neutralisée et ramenée à la vibration d'amour. Le cœur sacré ne connaît que l'amour ; il ne juge pas le monde, ni vous ni les autres, comme bon ou mauvais. Sentez la magie et la magnificence de cet espace.

À présent, placez au centre du cœur sacré tous les gens à qui vous pardonnez, y compris vous-même. Placez-y aussi tous les schèmes que vous avez découverts aujourd'hui.

Tandis que vous respirez profondément trois fois encore jusqu'au fond de cet espace, la vieille souffrance et les vieux schèmes sont neutralisés.

C'est fait. Vous avez neutralisé la vieille énergie.

L'effacement de la vieille histoire. Maintenant que vous êtes entré profondément dans le cœur sacré, l'énergie de son amour se répand dans votre corps, jusqu'au fond du noyau de vos cellules, en plein cœur de votre ADN. Ressentez pendant une minute l'énergie d'amour qui émane de votre cœur et pénètre au centre de vos cellules.

À la respiration suivante, cette énergie d'amour rayonnante efface la vieille histoire emmagasinée dans votre mémoire génétique et ramène votre ADN à son état de perfection initial. Tous les souvenirs des générations passées, depuis la source de votre perturbation, sont évacués de votre mémoire génétique.

À votre respiration suivante, c'est fait ; votre histoire a été neutralisée. Vous voilà prêt à en créer une nouvelle. Rendez grâce pour cette neutralisation.

Étape 5 : Créez votre nouvelle histoire.

Comment manifester votre nouvelle histoire par le pouvoir de l'intention, de l'imagination et de la concentration.

Maintenant que votre vieux programme génétique a disparu, vous êtes prêt à créer les désirs de votre cœur en remodelant l'énergie neutralisée.

Établissez votre intention. La première étape de la création de votre nouvelle histoire consiste à entrer dans l'intention. Celle-ci est l'énergie de la certitude, la conviction que votre manifestation aura lieu. Elle est le plan de la manifestation du changement, le rayon d'énergie focalisée qui attire à vous les gens, les lieux et les synchronies nécessaires à la réalisation de vos manifestations. Quand vous formulez avec certitude ce que vous désirez manifester, vous entrez dans l'intention.

D'abord, demandez-vous ceci : Qu'est-ce que je veux obtenir désormais dans ma vie ?

Écrivez votre réponse dans l'espace ci-dessous, en étant aussi précis que possible. Puis affirmez à voix haute la manifestation désirée, et ce, avec conviction.

Ma manifestation, mon intention, est celle-ci :

____

____.

Ressentez votre intention. Il est essentiel, pour qu'ait lieu la manifestation, de ressentir la nouvelle histoire que vous voulez créer. Pour réussir à bien ressentir votre intention, complétez les étapes suivantes.

Écrivez le nom de l'élément (métal, eau, bois, feu, ou terre) que vous avez choisi à l'étape 1-B (page 174). (Écrivez la réponse dans la colonne de droite.)	L'élément avec lequel je travaille est celui-ci : ________________________. (Réponse tirée de l'étape 1-B)
Pour identifier le sentiment de votre intention, fermez les yeux, concentrez-vous dans votre cœur et choisissez un nombre entre 1 et 6 (voir liste à la page suivante) : ____.	Alors que je travaille à la manifestation de mon intention, le sentiment qui lui est lié est celui-ci : ________________________. (Réponse tirée de la réponse clé)
Allez à la réponse clé suivante et découvrez le nombre lié à l'élément avec lequel vous travaillez. Écrivez la réponse à droite.	

Réponse clé pour ressentir l'intention

Métal – l'Alchimiste
1. Je suis compétent.
2. Je suis parfait comme je suis.
3. Je maîtrise mon pouvoir.
4. Je suis reconnu.
5. Je peux créer le changement.
6. J'ai le droit de faire ce que j'aime.

Eau – le Philosophe
1. J'ai une vue d'ensemble.
2. Je demeure fidèle à ma nature première.
3. Je suis créatif et original.
4. Je ne cherche plus de réponses à l'extérieur de moi-même.
5. Je sais quand je dois agir et quand je dois m'abstenir.
6. Je peux embrasser le futur.

Bois – le Pionnier
1. Je suis libre d'avancer et de rendre ma vie intéressante.
2. J'ai un grand pouvoir créateur.
3. J'ai un grand potentiel visionnaire.
4. Je suis inspiré.
5. J'aide les autres à avancer.
6. Je suis confiant.

Feu – le Sorcier
1. Je suis passionné.
2. J'ai le talent de transformer les choses.
3. J'ai le don d'imagination.
4. Je peux accomplir des miracles.
5. Je suis optimiste.
6. Je sais ce que je veux et je suis un aimant qui attire à lui cette énergie.

Terre – le Juge
1. J'instaure l'équilibre dans tout ce que je fais.
2. J'ai un grand talent de médiateur.
3. Je crée un environnement accueillant pour les autres et pour moi-même.
4. J'ai une grande compassion.
5. Je suis soutenu.
6. Je me défends.

Imaginez en détail votre manifestation. À cette fin, répondez aux questions suivantes.

À quoi ressemblera ma manifestation ?

____

____

____.

Comment améliorera-t-elle ma vie ?

____

____

____.

Imaginez cette fois de quoi aura l'air votre monde et quel effet il aura sur vous quand votre manifestation se sera produite.

____

____

____.

Ressentez-le intensément. Une étape importante de la manifestation consiste à s'enfermer dans le sentiment qui la sous-tend. C'est le sentiment de ce que vous désirez qui apportera cette manifestation. Les questions suivantes vous aideront à éprouver ce sentiment.

Si vous manifestez l'abondance financière, demandez-vous ceci :

- Pourquoi cet argent ?
- Comment vais-je l'utiliser ?
- Comment me sentirai-je quand ce sera fait ?

Si vous manifestez des relations, demandez-vous ceci :

- Qu'est-ce que je désire dans cette relation ?
- Que ressentirai-je si mes besoins y sont satisfaits ?

Si vous manifestez la santé, demandez-vous ceci :

- Qu'est-ce que je veux changer à ma santé ?
- Comment me sentirai-je physiquement quand je serai guéri ?
- Comment me sentirai-je émotionnellement quand je serai guéri ?

Si vous manifestez une situation ou un bien matériel, demandez-vous ceci :

- Je désire cela pour quelle raison ?
- Comment me sentirai-je quand je l'aurai obtenu ?

La méditation de la manifestation

Le moment est venu de créer votre nouvelle histoire. Vous le ferez par l'ancien processus de manifestation. Détendez-vous et laissez-vous guider dans les six parties de cette méditation.

La formulation de la manifestation. Centrez-vous dans l'espace de votre cœur et respirez profondément jusque dans votre cœur, à quatre reprises.

Élevez vos pensées jusqu'aux cieux et reliez-vous à Dieu ou à la source universelle de connaissance.

Formulez à voix haute votre manifestation (à partir du début de l'étape 5, page 188). Dites ceci :

Ma manifestation est

____

____

Création d'un champ géométrique pour la transformation. Les formes géométriques modifient le champ subconscient de l'ADN et facilitent sa focalisation en créant un vortex d'énergie dirigée. La forme de la pyramide amplifie l'énergie, de sorte qu'elle puisse s'élever jusqu'au plan d'évolution suivant et s'ancrer dans cette dimension.

Visualisez une pyramide dorée, puis sentez-la descendre sur tout votre corps jusqu'à ce que vous vous voyiez debout en son centre. Vous voilà dans le temple de la transcendance.

Évacuation du schème d'interférence de l'ADN. Maintenant que vous êtes entré dans le temple de la transcendance, regardez à votre gauche, au fond de la pyramide. Imaginez une boule d'énergie posée dans ce coin. Cette énergie contient les systèmes de croyances, les schèmes et les perturbations de votre passé. Elle est porteuse d'une vibration négative.

Regardez ensuite à votre droite, au fond de la pyramide. Imaginez une boule d'énergie posée dans ce coin. Cette énergie contient celle de votre avenir, de votre nouvelle manifestation. Elle est porteuse d'une vibration positive.

Sentez maintenant la vibration négative venir au centre de la pyramide, au centre de votre être. Puis sentez l'énergie positive faire de même. Comme les deux vibrations ne peuvent se mélanger, vous ressentirez sans doute un petit chaos au début, alors qu'elles créeront un schème d'interférence au niveau cellulaire.

Ressentir la manifestation. Pour transcender le chaos, regardez au sommet de la pyramide, où réside le sentiment de ce que vous voulez manifester. Ressentez ce que vous désirez obtenir dans votre vie, maintenant que les vieux schèmes ont été évacués. Allez au-delà des mots et ressentez ce que sera votre vie quand cette nouvelle manifestation aura eu lieu. Éprouvez la joie, la liberté, la paix que votre manifestation vous apportera.

Amenez ce sentiment au centre du cercle, de votre être. Tandis que vous procédez, la vieille interférence est transformée.

Ressentez une paix intérieure profonde. Sachez que seule votre intention créera ce changement.

Rendez grâce pour cette transformation d'énergie. Elle a eu lieu, et votre manifestation est créée.

L'envoi de la nouvelle énergie dans le monde extérieur. Une fois que votre énergie a été transformée, vous devez l'envoyer dans le monde afin d'attirer à vous chaque personne, chaque lieu ou chaque chose nécessaire à votre manifestation. Voyez cette énergie rayonner hors de la pyramide, telle la lumière d'un phare. La lumière photonique de votre ADN a changé votre programme intérieur et son signal. Cette nouvelle énergie lumineuse est un aimant qui vous attirera exactement ce dont vous avez besoin. Sentez tout ce dont vous avez besoin comme si c'était une partie de votre manifestation qui revenait à vous.

Rendez grâce pour votre manifestation. Répétez-vous en silence : « C'est fait, c'est fait, c'est fait. »

Le maintien d'une focalisation de rayon laser. Ne diminuez pas votre concentration avant d'avoir obtenu un résultat. Continuez à ressentir votre manifestation. Voyez-la comme faisant désormais partie de votre monde. Parlez comme si elle était déjà là.

En vous endormant pour la nuit, formulez votre manifestation à voix haute et sentez-la bien réelle, en sachant qu'elle est déjà là. Faites de même au réveil.

Notes

1. Le grand livre d'histoire de notre ADN

1. Caroline Myss, *Anatomy of the Spirit: The Seven Stages of Power and Healing* (New York, Harmony Books, 1996). [*Anatomie de l'esprit*, Éditions Ariane Inc.]
2. *Ibid.*, p. 34, 40.
3. Candace B. Pert, *Molecules of Emotion: The Science behind Mind-Body Medicine* (New York, Touchstone, 1997), p. 187.
4. *Ibid.*, p. 189.
5. Rob Stein, « *Study confirms that stress helps speed aging* », MSNBC, 30 nov. 2004, www.msnbc.msn.com/id/6613721.

2. Notre héritage émotionnel

1. Gregg Braden, *Walking between the Worlds: The Science of Compassion* (Bellevue, Washington, Radio Bookstore Press, 1997). [*Marchez entre les mondes, la science de la compassion*, Éditions Ariane Inc.]

6. La neutralisation par le pouvoir de guérison du cœur

1. Rollin McCraty, *et al.*, « *The Resonant Heart* », *Shift: At the Frontiers of Consciousness* (décembre 2004 – février 2005), p. 16. Voir : Rollin McCraty, directeur de la recherche, institut HeartMath, www.heartmath.org, et *Shift: At the Frontiers of Consciousness*, Institute of Noetic Sciences, www.noetic.org.
2. *Ibid.*, p. 17.
3. Richard Gerber, *Vibrational Medicine: The #1 Handbook of Subtle-Energy Therapies*, 3e éd. (Rochester, Vermont, Bear & Company, 2001), p. 527.

À propos de l'auteure

Margaret Ruby est une éducatrice pionnière dans les domaines de la croissance personnelle et de l'autoguérison. Praticienne énergétique douée, elle a fondé PossibilitiesDNA, une école où l'on enseigne les techniques vibratoires de pointe ayant trait à l'autoguérison et où l'on forme des praticiens énergétiques certifiés.

Durant plus de vingt ans de recherche, Margaret Ruby a étudié comment les pensées et les émotions, présentes ou passées, modifient notre ADN et touchent tous les secteurs de notre vie. Elle a créé des techniques de transformation efficaces que chacun peut utiliser pour découvrir et éliminer les systèmes de croyances nuisibles sources de maladies et de perturbations. PossibilitiesDNA a enseigné ces techniques à des milliers de personnes partout dans le monde, et leur vie en a été profondément transformée.

Margaret Ruby dirige des séminaires et des cours de formation aux États-Unis, au Canada et dans les îles Britanniques. La Georgia Nurses Association, un organisme d'approbation accrédité par l'American Nurses Credentialing Center's Commission on Accreditation, a approuvé comme activité éducative permanente de santé le cours de Margaret Ruby sur les schèmes d'interférence énergétique de l'ADN. En plus des techniques de guérison, PossibilitiesDNA offre des cours sur tout ce qui touche les relations ainsi que les anciens secrets de la manifestation de l'abondance.

Pour plus de renseignements sur le travail de Margaret Ruby, dont les conférences dans votre région, les cours d'autoguérison, la certification des cours de formation, les consultations privées, les CD, DVD et autres produits, composez le 888-711-9962 (pour les gens à l'extérieur des États-Unis : 208-265-1507), visitez le site Internet www.possibilitiesdna.com ou écrivez à PossibilitiesDNA, 495 Sherwoods Road, Sagle, ID 83860.

Quelques exemples de livres d'éveil publiés par Ariane Éditions

Aimer ce qui est
Anatomie de l'esprit
Contrats sacrés
Marcher entre les mondes
L'effet Isaïe
L'ancien secret de la Fleur de vie, tomes 1 et 2
Vivre dans le cœur
Les enfants indigo
Le pouvoir de créer
Célébration indigo
Aimer et prendre soin des enfants indigo
Série Conversations avec Dieu, tomes 1, 2 et 3
L'amitié avec Dieu
Communion avec Dieu
Nouvelles Révélations
Retour à Dieu
Le Dieu de demain
Le pouvoir du moment présent
Mettre en pratique le pouvoir du moment présent
Quiétude
Le futur est maintenant
Votre quête sacrée
Sur les ailes de la transformation
Messages du Grand Soleil central
Révélations d'Arcturus
L'amour sans fin
L'âme de l'argent
Le code de Dieu
Entrer dans le jardin sacré
L'oracle de la nouvelle conscience (jeu de cartes)
Guérir de la détresse émotionnelle
Cercle de grâce
Médecine énergétique
L'envolée humaine
Intelligence intuitive du cœur
Sagesse africaine
L'univers informé
Science et champ akashique
Guérir avec les anges (jeu de cartes)
Accéder à son énergie sacrée
Au-delà du Portail
Les cités de lumière intraterrestres
Nirvana
Nouvelle Terre
Telos, tomes 1, 2 et 3
Le livre de l'éveil
Et l'univers disparaîtra
Tout est accompli
Tansparence II
Créateurs d'avant-garde
Biologie des croyances

Série Soria

Les grandes voies du Soleil
Maîtrise du corps ou Unité retrouvée
Voyage
L'Être solaire
Fleurs d'esprit
Cercles de paroles
Réalisation solaire

Série Kryeon

La graduation des temps
Allez au-delà de l'humain
Alchimie de l'esprit humain
Partenaire avec le divin
Messages de notre famille
Franchir le seuil du millénaire
Un nouveau départ
Un nouveau don de lumière

L'ADN démystifié Kishori AIRD.
pour la reprogrammation des 13 hélices.

Kryeon

Peut-on se libérer de ses gènes?
L'épigénétique Ariane GIACOBINO

MARQUIS

MEMBRE DU GROUPE SCABRINI

Québec, Canada
2007